绿色生活DIY

多肉生活礼

DUOROU SHENGHUOLI

漫果/编著

中国电力出版社
CHINA ELECTRIC POWER PRESS

内容提要

本书详细、全面地介绍了多肉植物养护知识，不同于其他一板一眼的文字述说，本书加入了大量图片说明，可使读者一目了然。内容涉及多肉植物基本养护知识、日常养护、多肉科属图谱、繁殖技巧、DIY 园艺小品等。除养护知识外，本书还推出新颖的互动方式，教读者将多肉植物做成适合送给亲友的礼物，混搭的制作方法详细，做法简单。本书力求在知识性、实用性中融入趣味性，让读者在进入多肉植物世界，掌握多肉养护知识的同时，动手制作出各种多肉“小礼物”，扮靓生活。本书适合喜爱植物、热爱生活的广大读者。

图书在版编目（CIP）数据

多肉生活礼 / 漫果编著. — 北京 ：中国电力出版社，2016.1
（绿色生活DIY）
ISBN 978-7-5123-8428-6

Ⅰ. ①多… Ⅱ. ①漫… Ⅲ. ①多浆植物－观赏园艺 Ⅳ. ①S682.33

中国版本图书馆CIP数据核字(2015)第243242号

中国电力出版社出版发行
北京市东城区北京站西街19号 100005 http://www.cepp.sgcc.com.cn
责任编辑：王 倩
责任印制：蔺义舟 责任校对：常燕昆
北京盛通印刷股份有限公司印刷·各地新华书店经售
2016年1月第1版·第1次印刷
889mm × 1194mm 1/24 ·6.5印张 · 225千字
定价：39.80元

FOREWORD 前言

本书带你走进多肉植物的世界。什么是多肉植物？多肉植物的特点、选购和水培的方法有哪些？如何将多肉植物做成礼物？本书的第 1 章将对这些问题一一解答。第 2 章是教你新买的多肉植物如何上盆，包括盆土的选择、上盆的方法以及上盆后的初期养护。之后介绍了多肉植物的养护方法、多肉植物图鉴、多肉植物的繁殖以及多肉植物 DIY 的内容，最后的附录中还列举了多肉植物名词解释。

书中内容丰富、题材新颖、图片精美、排版趣味。

参加本书编写的人员包括：李倪、张爽、易娟、杨伟、李红、胡文涛、樊媛超、张严芳、檀辛琳、廖江衡、赵丹华、戴珍、范志芳、赵海玉、罗树梅、周梦颖、郑丽珍、陈炜、郑瑞然、刘琳琳、楚晶晶、惠文婧、赵道强、袁劲草、钟叶青、周文卿等。由于作者水平有限，书中难免有疏漏之处，恳请广大读者朋友批评指正。若读者有技术或其他问题，可通过邮箱 xzhd2008@sina.com 和我们联系。

Contents
目录

轻松“生产”出更多的萌物

创意多肉植物DIY

附录

多肉生活礼

Chapter 1

走进多肉植物世界

什么是多肉植物

了解什么是多肉植物，迈出多肉养植的第一步

多肉植物也被称为“肉质植物”“多浆植物”。因为植物的某一个部分，如叶片、茎的内部组织等，具有丰富的浆液，因此外形会显示出肥硕、丰满。这种储存了大量水分的植物都统称为多肉植物。多肉植物多具有很强的抗旱能力，通常生长在干旱、多盐的地区。

多肉植物原生长地一般位于沙漠和海岸地区，因此多肉植物通常具有抗寒、抗热、抗旱的能力。从目前的统计来看，多肉植物在全球共有10000多种，常见的有百合科、马齿苋科、菊科、大戟科、萝藦科、景天科和番杏科等。

多肉植物属于被子植物，也属于开花植物，是植物界的最高级一类，有极强的适应和繁殖能力。

▲ 盆栽中的多肉植物

多肉植物的分类

了解什么是多肉植物，迈出多肉养植的第一步

多肉植物的形态特征大体类似，表面都有大量的绒毛或者光滑的蜡质。现在人们对于千姿百态的变形茎叶、五颜六色的外貌颜色以及不同习性的多肉植物越来越喜爱，因此对多肉的分类也有越来越多的了解。

多肉植物共分为50多个科，科下又分属，而常见的约有14个科。

龙舌兰科

龙舌兰科属于单子叶植物，分为20个属670余种，多产于热带、亚热带等地区。龙舌兰科中属于多肉植物的约有8~10个属。

特性: 叶片有革质，多肉质，肥厚。叶缘、叶尖处常长有刺。花序类型为总状花序或者圆锥花序。

▲王妃雷神

▲天使

龙舌兰科

番杏科属于双子叶植物。全科约有100个属2000多种，原产于南非、纳米比亚等地。

特性: 番杏科的叶子都有着不同程度的肉质化，属于叶多肉的代表植物，属于草本或者小灌木，叶子互生或者对生，叶子的全缘都有齿。花单生，为雏菊状。花朵多为黄色、白色、红色三色。

夹竹桃科

夹竹桃科共分为150多个属，有大约1000多种，主要产于热带、亚热带地区，属于多肉植物的有沙漠玫瑰属和棒捶树属，大多生长于非洲地区。

特性：植株含有乳状的液体，大多有毒。叶缘比较光滑。花为丛生，单生的比较少见，属于茎的形状很奇特的肉质植物。

▲沙漠玫瑰

▲爱之蔓

萝藦科

萝藦科属于双子叶植物，分为180个属，约有2200多种，分布在热带地区。常见的多肉植物有约10属。

特性：大多数为草本、藤本或者灌木。植物体内有乳汁。花的形状为五瓣，一般呈现为星形，带有微臭味。

百岁兰科

百岁兰科又称为千岁揽客，只有一属一种，原产于非洲干旱的西南部沙漠，是多肉植物中最奇特的，也是最名贵的种类。

特性：为落叶或者常绿的多年生草本植物。叶片多肉革质，呈舌状，颜色大多为绿色或者灰绿色。花序为球状。

▲百岁兰

百合科

百合科有着250个属近3700种植物，其中有着多肉植物的有14个属。含有多肉植物最多的是芦荟属、十二卷属、沙鱼掌属。百合科是多肉植物中最为重要的一科，主要产于温带和亚热带地区。

特性: 有草本和灌木，叶子基生或者轮生。具有根状的茎、鳞茎、块茎以及球茎。

▲条纹十二卷

▲雅乐之舞

马齿苋科

马齿苋科有20属约500种植物。多肉植物则分布在燕子掌属、回欢草属等5个属中，原产于南非、纳米比亚等非洲干旱地区。

特性: 回欢草属有着总状花序，花朵为白色、红色。燕子掌属则有肉质的圆形小叶子，有聚伞花序。花朵为杯状。

苦苣苔科

苦苣苔科有140个属近1800多个种。多分布在热带和亚热带亲爱草本植物。此科中多肉植物很少，有少数带有球状茎或者膨大快状茎的种类属于多肉。

特性: 为落叶或者常绿的多年生块茎植物。叶片多为椭圆形或者卵圆形。叶片具肉质。

▲断崖女王

葡萄科

葡萄科有12个属约700多种。大多为有卷须的藤本植物，属于多肉的主要是白粉藤属或者葡萄瓮属，种类比较少。原产地为非洲、东南亚热带及亚热带地区。

特性: 属于常绿的多年生灌木和藤本植物。茎或根具有肉质。叶子互生，花瓣为4片。花序为聚伞形。

▲葡萄翁

▲臭流桑

桑科

桑科属于双子叶的植物，共有55个属，约400多种。大多分布在热带或者亚热带地区。多肉植物在桑科内仅有很少的一部分。

特性: 为落叶或常绿的灌木和亚灌木。内有白色的乳汁，叶子互生，花朵很小或者没有花瓣。茎基肉质且很粗壮。

辣木科

辣木科都为常绿或落叶乔木，多肉植物仅占很少一部分。辣木属中的植物茎部肥大，有如象腿一般。原产于非洲的纳米比亚、西非、南非，亚洲的印度及热带等地区。

特性: 叶子互生或者对生。有两至三回的羽毛状复叶。花序在腋下，为圆锥形。花朵为黄色。

▲象腿木

大戟科

大戟科属于双子叶植物，约有280个属约5000种植物。体内通常都带有白色乳汁。植物分布极广，大部分分布在温带或者热带。多肉植物占据4个属。

特性: 叶子通常为单叶，互生。花单生，雌雄同株或者异株。茎部多肉。

▲铜绿麒麟

▲珍珠吊兰

菊科

菊科有1000个属近30000种属于植物，分布在全球各地。菊科属于种子植物中最大的一科，多肉所占的比例不大，厚敦菊属和千里光属，主要分布在非洲地区。

特性: 为多年生的草本或者矮灌木，具有肉质的茎或者肉质的叶。叶子以及少量种类的茎有白粉。花序呈头状。

薯蓣科

薯蓣科属于单子叶植物，有11个属650余种，原产于热带干燥的森林，以及热带、亚热带地区的干旱地区，温带的林地和灌丛中也有分布。

特性: 属于多年生的草质缠绕藤本，地下有形状各异的块茎或根茎。属于典型的茎干状多肉植物。

▲龟甲龙

景天科

▲福娘

景天科有着30个属1500余种植物，原产于温暖干燥地区，有很强的观赏性。

特性：景天科为多年生的低矮灌木，也有藤木，属于多肉植物中很重要的一个科。叶子互生、对生和轮生。高度的肉质化，形状和色彩变化较多。有聚伞花序，花朵较小。

▲般若

仙人掌植物

仙人掌植物有几十个属，原产于非洲及美洲墨西哥。通常单生，群生极少。有球状、圆筒状等多种形状，是宜养的观赏性植物。

特性：仙人掌植物具有多姿的植株形态，繁多的茎棱，色彩多变的花朵以及刺毛。茎部多汁，是很奇特的多肉植物。

鸭跖草科

▲白雪姬

鸭跖草科有着38个属近700种植物，多肉植物多在水竹草属内，是很好的家庭和院内的观赏多肉植物，原产于美洲的北部、中部和南部的林地、湿地以及灌丛中。

特性：为常绿的多年生草本植物。叶片互生，有聚伞花序，花朵生在顶部，花期从夏季至秋季。

仙人掌与多肉植物的区别

你是否也曾在人们说起多肉植物时想起仙人掌?

仙人掌具有其独特性，该植物与多肉植物间最大的区别在于，仙人掌有一种称为“刺座”的器官。而部分多肉植物虽然也有刺，但却不是刺座。

仙人掌的刺座

1 仙人掌的刺座是短缩枝的一种变态。

2 刺座分布在茎上。

3 刺被切除也不会影响植物本身生长。

4 刺座上不仅可以生长出芽，还可以生出刺、花、毛、仔球和茎节。

多肉植物的刺

1 大戟科多肉植物也有刺，例如彩云阁。

2 刺与多肉植物表层融为一体。

3 刺受伤会影响整株植物的健康。

4 无法长出其他的附属物。

▲ 仙人掌刺座

▲ 多肉植物的刺

多肉植物的特点

多肉植物与其他植物到底有哪些明显的不同呢？

多肉植物的分布极其广泛，分布在除南极洲外的几乎每个地方。各大洲都有分布，但非洲最为集中，仅南非一国就有3000多种多肉植物。多肉植物根据贮水组织在多肉植物中的部位不同，可以分为以下三类。

茎干状多肉植物

特征 肉质集中在茎基部位，膨大厚重。种类不同，茎基形状也不同。多为球状或者近似球状。有的埋在土下，有的没有节、无棱、无突起。有的有叶或者叶早落，有的叶子会直接从膨大的茎基顶端长出，有的会从几乎不带肉质的细长枝条处长出叶子。

代表植物 薮科的龟甲龙，西番莲科的睡布袋，葫芦科的笑布袋。

水分 膨大的茎基可以储存水分和养分，可以供给植物，以在旱季继续生长。

茎多肉植物

特征 植物储存水的组织主要分布在茎部。有些种类的茎分节、有棱或者突起。少数种类会稍带肉质的叶，但脱落很早。

代表植物 萝藦科的犀角，大戟科的光棍树和麒麟掌。

水分 茎多肉植物的髓心不是木质化结构，具有很多的液泡，可以储存大量的水分。

叶多肉植物

特征 叶具高度的肉质化，茎的肉质化比较低，有些种类的茎则有一定的木质化。

代表植物 番杏科全部都是叶多肉植物，大部分的景天科植物也是叶多肉植物，还有龙舌兰科的丝兰、龙舌兰等植物。

水分 叶多肉植物触摸时会有很厚的肉质感，叶子切开后会发现内里充满了水分。叶子的表皮细胞中气孔很少，会阻挡水分的过快流失，有助于长期贮存水分。

▲龟甲龙膨大的茎基贮存的淀粉就是其的营养

▲牛角——典型的茎多肉植物

▲叶多肉植物——番杏科

▲叶多肉植物——景天科

多肉植物如何选购

选择健康强壮会大大提高成活率并方便后期打理

多肉植物的选购方法共分为四点。

1.售卖的多肉植物一般情况下只带有极少量的宿土或裸根不带土。在挑选时最好选择带须根、根系不干枯的植株，这样的多肉植物在买回家种植时，可以在短时间内发出新根。

2.挑选时要注意植株的色彩是否正常，花纹是否清晰，有没有病斑、虫斑、水渍状斑。在挑选时要细心察看植株的叶背面或枝丛间，防止有小体积的虫害藏在里面。

3.如果购买的是已经栽入盆中的植株，则要注意观察是否为新栽植株的。在出售前新栽的植株，盆土会比较松软，轻轻摇动植株会有较大的晃动。

这样的新栽植株还没有发出新根，因此买回家之后要避开强光的照射，要严格地控制水分，在30~45天后再进行正常的管理。

4.购买由多个种类或品种配植在一个容器中的组合盆栽。要注意植株组合之间是否错落有致、疏密有间，还要注意组合盆栽的各种植株的生活习性是否相近。因为把对光照、水分、栽培基质等要求差别较大的种类栽培在一起，养护培育会很不方便。

多肉植物的水培

玻璃杯中透明的“土壤”让多肉顿时艺术感极强

多肉植物的水培法主要用于初期状态不是太好的多肉植物。在水培初期至中期，约两个月不超过三个月时，再转为土培法会更利于多肉植物的生长。

水培法可以使多肉植物保持不错的生长状况，相比较土培法也更干净一些，前期培养时生根较快，不容易生虫。但是后期会因为营养不足，导致个头和群生状态都明显劣于土培法。

土培法可以长期的对植物提供足够的养分，根系可以从土壤里不断地吸收足够营养。水培法尽管可以倒入营养液，但效果远不如土培法。

用水培法种植多肉植物，首要工作是选择一个合适的器皿。例如家庭饮用的酸奶玻璃瓶，洗净后灌水即可。

培养时，水位和根系的位置非常关键。要根据不同的多肉植物来进行不同分类，例如玉露类植物，其根系比较发达，因此要在培育的容器里多加入一些水，使根系完全浸泡在水里。而根系比较少的诸如景天科石莲花，需求水分不多，因此

▲ 水培的多肉植物

▲ 土培的多肉植物

只需要让根系刚刚触及水即可。要预留出一部分空间，以便让根系自己伸出去吸收水分。

要注意的是，玻璃瓶在日照下会使水分蒸发，有给植物间接浇水的作用。

在进入夏季时，要及时注意遮阴，防止强光的照射，禁止被强光直射。夏季要注意适当地减少器皿内的水分，蒸腾的水分已经足够植物生长。

水培法最需要注意的是，要小心地将根部暴露在空气中，类似气根，防止根系干枯。

例如瓦松，这类景天科的多肉植物，只需要让植物的根系碰到一点点水，就可以满足多肉植物的日常需求。

芦荟类的多肉植物，根系较发达，所以需要很高的水位。加入的水要基本将根系全部包住，这样便可以不停地发出新根。

▲ 水培的特玉莲

小贴士

特玉莲的根系比较独特，即便长期地暴露在空气中，根系坏死、木质化，变得类似气根之后，依然可以发出新根，对植物没有太大影响。

多肉植物的休眠

判别多肉是在生长期还是休眠期是养护的必修课

要想知道多肉植物是否处于休眠期，首先要了解多肉植物休眠期和生长期的不同。

	休眠期	生长期
观体色	叶片颜色暗淡，没有光泽。植物的整株颜色一致。下部的叶色出现变化，或者全株颜色都产生变化。茎稍和枝梢的色泽基本一致。带化、石化品种全株色泽一致。	带有毛绒的叶片，新叶颜色会比老叶浅或深。没有毛的叶片，新叶鲜嫩丽艳，老叶平整有光泽。茎梢、枝梢与茎枝的中段颜色相比，或深或浅，成两种色泽，不会一致。带化、石化品种顶端与中下部的颜色有明显的差异。
观根系	根稍和根的中断，颜色基本一致。根稍和根的中段呈老成根系，根稍直径会渐小。植物根部不会出现明显的新根系。	根梢和根的中段，颜色会或深或浅，不一致。根梢有3~5毫米长的嫩梢，直径会大于根中段。会出现有大量的新根系。
看生长状态	心叶中的尖形类叶片会变宽，并向外伸展。植株变短、顶部变平。形状较宽的叶片会向外延伸。出现少量的落叶，叶尖或叶顶端出现枯萎的现象。会有完全的休眠，整个植株都会落叶，有的品种，土壤以上的茎干会枯萎。茎梢、枝梢开始变老化，逐渐变粗至钝角。植株的生长停滞。	心叶中的尖形类叶片变狭长，生长参差不齐，宽形类向中间合拢或向中间卷起、合起。不会出现落叶及叶枯萎等现象。茎梢、枝梢鲜嫩，逐渐变尖至锐角。整个植株显得生机蓬勃。

多肉植物在生长中期要有特殊的管理方法。

多肉植物处于休眠期时，植株的体内活性组织活动变得缓慢；植株对养料水分的吸收、合成、转换、释放等功能都会降低，甚至停止，导致植株停止生长。此时要及时地采取措施来管理多肉植物。

❶ 水肥管理：在用水方面，一定要做到完全休眠时不浇水。要保持土壤的干燥;在一般休眠时期，要保持土壤湿润状态；而在半休眠状态下，则适量地浇水。在用肥方面，要做到不管哪一种休眠，都要停止施肥，避免发生烂根和肥害。

❷ 控制温度：尽管多肉植物的品种繁多，在生长期所需要的温度具有不同的差距，但是处于休眠期的多肉植物所需要的温度很接近。最适宜的温度有三种，夏休眠为25~32℃，冬休眠为2~5℃，少数怕寒的为7~10℃。

▲ 景天科——清盛锦 夏型种

▲ 景天科——山地玫瑰 夏型种

▲ 景天科——钱串 冬型种

▲ 番杏科——若歌诗 冬型种

多肉的气根和徒长

不同的环境对多肉植物的形状、颜色的不同影响

关于多肉植物的气根

会长出气根的多肉植物，说明生命力比较强。部分多肉植物可以采用砍枝的方法，促使植株萌生气根。

通常情况下，多肉植物长出气根说明其根系出现问题，例如无法支撑主体、缺氧、缺水、缺肥等。新种的多肉植物长出气根并不代表出现问题，反而是好的征兆，表示植物在缓根。

如果是老植株长出气根，则说明多肉植物出现了上述问题。在冬末春初，很多老株的多肉植物就会出现气根。很有可能是在冬季断水，多肉植物休眠时出现问题。一般情况下多是因为尽管无供水，但此时的多肉植物已经结束休眠，开始发新叶新枝，同时空气中的湿度又大于土壤湿度，多肉植物无法吸收水分，便会生出气根来补充水分。

此时只需要结束断水，逐渐对其补水便可。此外，多肉植物密植，也较容易出气根。

▲ 多肉植物的气根

小贴士

气根有4种类型，分别是：支柱根、攀援根、呼吸根和寄生根。①支柱根顾名思义是指具有支持作用的变态根，最为常见的有我国南方的榕树。②攀援根是指那些细长、不能直立只能匍匐生长的茎蔓上的短小气根，它们能分泌黏液，从而起到固定和攀爬的作用。③呼吸根是指因呼吸困难而伸长来方便进行呼吸的根，一般在水边比较常见，比如水松。④寄生根是指一些植物会生长出钻入其他植株茎内的吸器根，靠吸取植株的营养生存，比如吊兰。

关于多肉植物的徒长

多肉植物的徒长包括两种情况：一种是茎节拉长；另一种是叶子变薄，且会拉长，表面积增大。这是由光照强度和光照时间所导致的。四种不同的光强和光照会导致出现四种不同的结果。

①弱光长时间光照植物，会使茎节变长至最长；

②弱光短时间光照植物，会使叶片变薄至最薄，表面积变最大；

③强光长时间光照植物，会使叶面变得肥厚且至最肥厚；

④强光短时间光照植物，会使植物无法长高，使植物最矮。

因此养护多肉植物时可以通过上述的原理结合植物的状态进行调整，如果多肉植物正呈现出叶面肥厚、过高的状态，则应通过缩短多肉植物的光照时间等来缓解和调节。

▲ 弱光长时间光照植物，会使茎节变长至最长

▲ 弱光短时间光照植物，会使叶片变薄至最薄，表面积变最大

▲ 强光长时间光照植物，会使叶面变得肥厚且至最肥厚

▲ 强光短时间光照植物，会使植物无法长高，使植物最矮

用多肉编织礼物

生活中我们会遇到各种各样的人，他们来了又走，能留在你身边的人会随着时间的流逝少之又少，找个能陪你彻夜聊天的人更是寥寥。有时我们很想对他们说一些感谢的话，但是迫于羞涩常常难以启齿。那我们就用行动，在他们床边、窗前悄悄地放上一盆多肉植物，无需多大多么名贵，只要在他们醒来时知道你也不曾离开就好。

我们常常会去纠结到底送朋友什么礼物好，贵的买不起，便宜的不好意思。其实真正的朋友是不需要你用昂贵礼物去维系彼此的关系的，往往一个简单的礼物他们也会视如珍宝。

送朋友家人什么都不如送绿色来的健康实在，多肉植物这种美丽又好养的植物更是不二之选。自己DIY一盆萌萌的多肉植物，埋下自己心愿与祝福，送给你最在乎的他，告诉他：感谢一路上有你伴我成长。

像这种简单且颜色比较单一的盆栽适合送给自己尊敬的人，比如老师和老板。这些人事业中严谨，生活中又不乏情调，很适合这类盆栽。

小盆单栽或数株同栽的共同特点是花盆往往较小，多肉植物常常不大，不会占用太多的空间。

可以根据花盆的不同搭配不同的多肉植物，使盆栽具有成熟、清新、文艺等各种不同的气质，适合送给朋友家居种植或在办公室种植。

外表可爱，成双成对，用来送给情侣再好不过，多肉植物是需要细心培养的，爱情也同样需要细心呵护。当然，也可以单盆送给孩子，放在他们的书房，让他们房间的气氛不是仅有学习，也同样生机盎然、充满趣味。

多品种混合种植的大盆栽适合用来当作乔迁之礼，或者在朋友新店开张时送给朋友，金玉满堂之意。同样，送给喜欢园艺的叔叔、阿姨、奶奶、爷爷也是很好的选择。

盆栽中可以穿插一些玩偶，整体形成动画的场景，这样的盆栽适合送给小朋友或者稍长的年轻人，大多以女生居多。

像在洒水铁壶中种植多肉植物这样具有文艺小清新之类的盆栽，适合送给甜美安静型的气质女生，可以在壶身自己 DIY 一些标志或者文字来作为你们的友谊宣言。花环一般比较多的会用在圣诞节，常常挂在门前。

这种青春感扑面而来的盆栽不用多说，用来送给自己的恋人和自己生命中最好的闺蜜是再好不过的了。

婚姻，要像花卉那样灿烂绚丽，也要像多肉植物一样坚韧不拔。在小纪念日中送给你的伴侣一盆多肉植物吧，寓意你们那灿烂而坚韧的婚姻，是不是很有创意的礼物呢？

多肉生活礼
Chapter
2
为多肉植物创造
一个舒适的小窝

如何选盆

花盆是构建整体风格的重要因素，所以用心选择

多肉植物的选盆环节，一般会被人们所忽视。其实选盆环节和选土环节一样重要。现在不仅有常见的普通花盆，还有一种盆壁是复层的花盆，在复层中间装一些棉线之类的东西，一个月只需要浇一次透水即可，适合经常出差或者懒人使用。

一般性的花盆有瓦盆、瓷盆、紫砂盆、塑料盆、木盆等材质，特点也不尽相同。

▲ 瓦盆

透气性好，价格便宜。

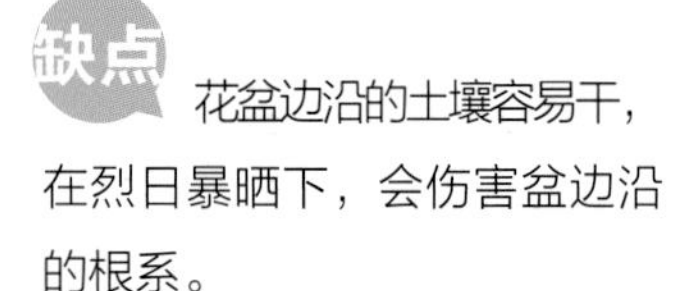

花盆边沿的土壤容易干，在烈日暴晒下，会伤害盆边沿的根系。

▲ 瓷盆

外观漂亮，适合观赏，可以随意摆放。

由于瓷质紧密，几乎不透气，不推荐使用。

▲ 紫砂盆

形古典，观赏性较强，透气性比较适中。

较吸热，盆内的土壤容易干燥。

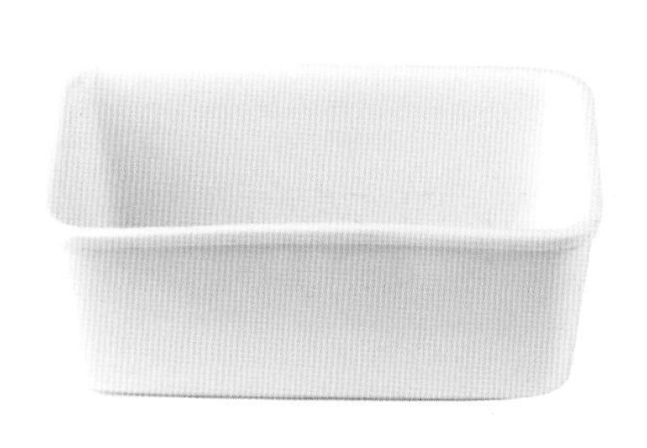

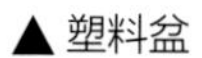
▲塑料盆

价格便宜，便于购买。

不透气，渗水性差。

▲木盆

保湿性好，透气性适中。

容易滋生霉变。

▲自然素材

容易取得，装饰性强。

外形不规则，放置植物和土壤时的操作较难。

如果是为大中球选盆，则要求多肉植物的球径和盆径要基本相当，或者盆径略大于球径一两厘米。如果是小球，则应该将多株混栽。栽培所用的土壤，深度最多不超过球径的两倍。例如多肉植物的球径是5厘米，土壤深度约在10厘米即可。而大球还可以更浅一些。

多肉植物越是大球，所消耗的水分和养分就越少，盆土过多不仅没有用，还很容易导致腐烂。如果选用的花盆过深，可以在底部多添加非土壤的填充物。

小贴士

需要注意的是选择花盆的大小。

因为多肉植物的根系并不算很发达，在土壤过多的情况下，会导致水分不能快速地挥发蒸腾，很容易导致根系腐烂。在选盆时要以“宁小勿大，宁浅勿深”这八个字为原则。

如何选土

土壤的好坏选择决定你的肉肉是否能成活

土壤是最重要的多肉栽培介质，所以在养护多肉植物前，一定要了解这些土壤，找到最适合你的多肉植物的土壤。常用土的种类大约有10种。

▲珍珠岩

天然的铝硅化合物，即岩浆岩加热至1000℃以上时，所形成的膨胀材料就是珍珠岩。

珍珠岩有封闭性的多孔性结构，材料较轻，通气性良好。质地比较均匀，不会被分解。缺点是保湿性差，保肥性差，容易漂浮在水上。

▲腐叶土

腐叶土是由枯叶、落叶、枯枝及腐烂根组成的，具有丰富的腐殖质和很好的物理性能，有助于保肥、排水，使土壤疏松，偏于酸性。

落叶阔叶树林下的腐叶土最佳，针叶树和常绿树下的叶片腐熟而成的腐叶土也是比较好的土壤。

▲培养土

培养土是由一层青草、枯叶、打碎的树枝以及一层普通园土堆积起来的，再往内浇入腐熟饼肥或者鸡粪、猪粪，再发酵、腐熟之后，经过打碎过筛即可。

培养土持水、排水能力强，一般理化性能很好。

▲苔藓

苔藓是白色、粗长、耐拉力强的植物性材料。优点在于有很好的疏松、透气和保湿性强。

▲沙

沙主要是直径在2~3毫米的沙粒，呈中性。沙质土壤不含任何的营养物质，具有很好的保湿性和透气性。

▲肥沃园土

肥沃园土是经过改良、施肥以及精耕细作后的菜园和花园土壤，已经去除杂草根、碎石子、虫卵，经过打碎、过筛，呈微酸性。

▲鹿沼土

鹿沼土是一种罕见的物质，产于火山区，呈酸性，有很高的通透性、蓄水力和通气性，尤其适合嫌气、忌湿、耐瘠薄的植物。鹿沼土可单独使用，也可与泥炭、腐叶土等其他介质混用。

▲赤玉土

赤玉土由火山灰堆积而成，是运用最广泛的一种土壤介质，其形状有利于蓄水和排水，中粒适用于各种植物盆栽，可谓“万能用土”，尤其对仙人掌等多肉植物栽培有特效。

▲蛭石

蛭石是由硅酸盐材料经过800~1000℃的高温加热而成的云母状物质。通气性强、孔隙较大，持水能力强。但不适合长期使用，否则会导致过于密集，影响通气和排水效果。

▲泥炭土

泥炭土是处在湖沼泽地带的植物，埋在地下后，在被水覆盖，缺少空气的条件下，经过久远的历练，分解成不完全的特殊有机物。泥炭土呈酸性或微酸性，有很好的吸水能力。但因有很丰富的有机质，也导致其很难分解。

配土的方法

多肉植物适用的配土，要求疏松透气，排水性能好，还要含有适量的腐殖质，一般以中性的土壤为上佳。少数品种，如虎尾兰属、亚龙木属、十二卷属需要微碱性土壤。番杏科的天女属适合碱性土壤。

常用的配土配方

一般的多肉植物：园土、珍珠岩、粗沙、泥炭土各一份，再加入砻糠灰半份。

茎干状多肉植物：壤土、碎砖渣、谷壳碳各一份，腐叶土和粗沙各两份。

生石花类多肉植物：砻糠灰少量，椰糠、粗沙、细园土各一份。

小型叶多肉植物：谷壳碳一份，粗沙、腐叶土各两份。

根较细的多肉植物：泥炭土6份，粗沙和珍珠岩各两份。

大戟科多肉植物：泥炭和园土各两份，细砾石3份，蛭石一份一般多肉植物：粗沙2份，腐叶土两份，珍珠岩和泥炭一份。

生长速度慢，肉质根的多肉植物：泥炭土1份，蛭石和颗粒土各两份，粗沙6份。

> 小贴士
>
> 多肉植物一般要求疏松透气、排水性能良好的土壤。如果孔隙过小，则排水不畅；如果孔隙过大，则排水过高，造成营养丢失。建议新手以栽培土搭配珍珠石或经发泡炼石。

▲ 选择疏松透气、排水性能良好的陶粒垫底

如何上盆

学会了上盆，养护的多肉的第一步你就学会了

多肉植物的上盆要经历选盆、上盆和上盆后初期养护三个环节。

选盆

最好选择有孔花盆。如果选择的是无孔花盆，则要在底部铺上一层石子来作为隔水层。因为多肉植物的根系生长到花盆的底部时，如果没有隔水层，则在每次浇水时会使根系直接和底部的水接触，形成浸泡状态，导致烂根。

长时间保持这种状态，会使水中的盐碱沉积在盆底，被多肉的根系吸收之后会伤害植物。而多肉植物有很强的连带性，底部根系腐烂就会导致上层腐烂，从而导致植物死亡，因此尽量不要选择无孔花盆。

上盆的步骤

① 选盆

② 铺设隔水层

③ 倒入已经配好的土壤

④ 挖出一坑，准备进行种植

种植多肉

在栽种多肉植物之前，要先将多肉植物清洗干净，然后将多肉植物晾至自然干透再进行栽种。这样可以降低根部因感染而导致的腐烂，增加其成活率。

春秋季节进行栽植时，可以在清洗后直接终止，栽植后要注意将周围的土轻轻压实，可以选择使用镊子压实，避免损坏植物，还可以使植物能稳固地生长在花盆中。

铺面

栽种完成的最后一步，也是最重要的一步，就是用颗粒植料铺面。这是因为刚刚完成种植的多肉植物，经常会出现左右摇晃，不稳定的情况。黑法师等枝干较长的多肉植物就是典型的例子。用颗粒植料铺面就可以解决这样的问题。

颗粒植料还可以改变透气效果，使最下端的叶片也可以充分享受到足够的空气，防止植物最下端的叶片直接接触到土壤，造成发霉腐烂。

小贴士

在花盆内铺设好隔水层后，可以直接倒入事先配制好的土壤，在准备种植多肉植物的地方挖出小坑，尽量深一些，可以将多肉的根部埋在里面。这样能让换盆的多肉植物更容易成活。换好盆后根据所多肉植物的特性进行浇水，浇水时尽量不要使盆内积水。

铺面完成后，还有利于浇水工作。如果不用颗粒植料铺面，水分就会因为泥炭土过轻，而使泥炭土漂浮，很难渗透下去。铺设颗粒植料之后，泥炭土无法漂浮，部分带有空隙的颗粒植料还可以吸收少量的水分。

除上述优点外，覆盖颗粒植料还可以使飞虫的卵无法直接接触表面，还具有美观的功效。

▲ 将植物扶稳后，将颗粒植料放入植物的叶片底下。对于叶片很大的多肉植物，例如石莲花等，一定要将颗粒植料塞入植物的叶片底下。

上盆后的初期养护

不要放置在阳光下，刚完成栽种的多肉植物，由于受到了移动、修根等多重的原因，此时的自身抵抗力很差，需要进行一段时间的生根来进行恢复。此时直接暴露在日光下，阳光很容易将多肉植物所含有的水分蒸发，而此时多肉植物的根系又无法完成吸水的任务，会导致多肉植物的死亡。

还需要注意的是，日光下的温度很容易滋生霉菌，会在土壤中对抵抗力很弱的植物进行破坏，使多肉植物从根部开始腐烂发黑，最后蔓延至整株植物，使植株死亡。再出现此类情况时，要及时的剪去发黑的部位，进行重新扦插。

将多肉植物放置在散光、通风条件好的地方是最佳的。一般情况下，缓苗的时间需要1~2周，一周后多肉植物就会长出新的根系。度过缓苗期之后，就可以将多肉植物移至有阳光的地方，可以放在玻璃、纱窗的后面，不要直接进行暴晒。

▲ 新上盆的多肉最好遮阴养护

小贴士

选择的花盆如果是陶瓷、铁器等很难挥发水分的材质，要少量浇水，或者用喷壶进行喷洒式的浇水，让土壤表层保持一定的湿润即可，这种潮湿的土壤对于多肉植物的生根十分有利。

如果在市场上挑选的是陶瓷花盆的话，一定要购买底部有洞的，这样的花盆有利于排水。

浇水

在将种植的步骤都完成以后，要进行浇水。第一次浇水时，只需要用喷壶将土壤的表面喷湿即可。切忌大量浇水，如果浇水过量，而此时的多肉植物根系还未完全长好，无法吸收如此多的水分，就会导致烂根等问题的出现。

没有根系的多肉植物，要晾几天之后再种植，种植之后，不可以浇水，要在5~7天后再浇水。

▲ 浇水

多肉生活礼

Chapter

3

为你的多肉植物制造的养护日记

光照

不再为施肥发愁，让你的多肉光彩照人生机勃勃

家庭培育多肉植物，需要每天给足多肉植物2个小时的日照。觉得麻烦的朋友，将多肉植物每天移至向南的阳台即可。在享受充足日照的状态下，多肉植物会长得健壮、叶片紧凑，没有太多的虫害。而阴暗潮湿的环境则会滋生大量的病虫灾害，使多肉植物的健康状况遭到破坏。

春秋季节的温暖潮湿环境下，要适量地增加日照时间，通过改变日照的时间来促进多肉植物的生长。进入春季之后，每天晒足4个小时的日照，可以使多肉植物变得多彩、漂亮、健康。

▲ 春季时平均日照2个小时　▲ 春季时平均日照4个小时

从上面的照片就可以看出，同样品种的多肉植物，因为进入春季后的日照长度不同，会产生天壤之别。日照时间达到4个小时，会使植物变得饱满、绚丽、观赏性增高。

多肉植物在缺少日照多的状况下，尽管可以继续生长，但是状态会变得很差。长时间的缺少日照，会使多肉植物的抵抗力变差，出现徒长、叶片及枝干间的距离拉长，还会失去原来的样貌，变得萎靡，无光泽。生命力弱的多肉植物很可能会因为抵抗力下降，无法抵抗霉菌而腐烂，直至死亡。

日照的强弱

光照对多肉植物虽然很重要，但也不能让多肉植物在烈日下长时间暴晒。

春秋季节，多肉植物很容易被晒伤，长时间地将多肉植物暴露在强光之下，过强的日照会将多肉植物晒干。因此在天气炎热时，要采取一些必需的防晒措施。对高温很敏感的多肉要移至阴凉通风的地方度过高温天气。

紫外线很强烈的情况下，要对多肉植物进行一些防晒措施，例如防晒网等，也可以将多肉植物放在玻璃后面，利用玻璃阻隔大部分的紫外线；还可以用串联阻隔多肉。要出差的人群，可以将多肉放在窗后，拉上窗帘后，再拉上一层纱帘，防止植物晒伤。

如果希望让多肉植物适应强烈的日照，则需要一个循序渐进的过程，突然将多肉放置在日光下暴晒会对植物造成伤害。要合理的运用日照长短和日照的强弱，使多肉健康成长。

▲ 突然的暴晒会使植物枯死

▲适度的日照会使植物变得极具观赏性

浇水

不再为施肥发愁，让你的多肉光彩照人生机勃勃

多肉植物的枝干或者叶片中，通常会存有大量的水分，所以每次浇水时量不必太多。多肉植物在十分缺水的情况下，会消耗本身叶片中的水分来供给自己所需的养分，这就会导致植物底部的叶片慢慢干枯。多肉植物中的每类植株在缺水时都会透露出一种缺水的信号，例如番杏科的一部分及景天科的植物在缺水时，叶片会起褶皱；还有一些多肉植物在缺水时，叶片会变软。

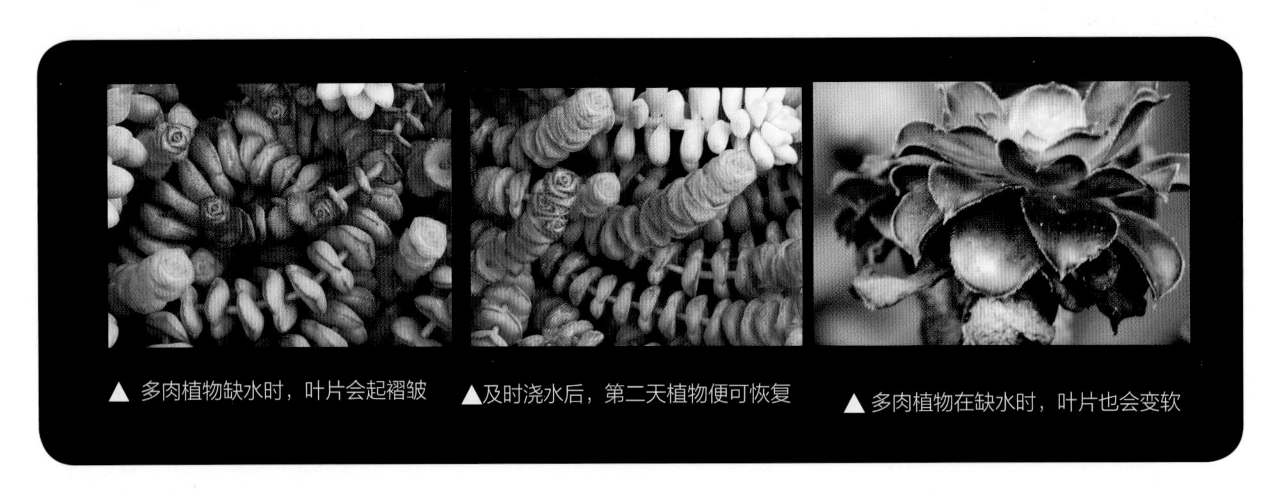

▲ 多肉植物缺水时，叶片会起褶皱　▲及时浇水后，第二天植物便可恢复　▲ 多肉植物在缺水时，叶片也会变软

起褶皱、变软的叶片在及时浇水后，第二天便可恢复原状，比较弱的植物会缓慢一些，到第三天恢复。如果浇水后长时间都无法恢复，则说明植物的根系损坏，植物无法吸水，导致脱水现象的发生。

有时，多肉出现叶片起褶皱、变软的现象并不一定是因为缺水，要根据日常的浇水情况和最近的气温等多方面原因来考虑。

浇水后，第二天或者第三天会恢复的，则说明是缺水。浇水后长时间无法恢复，要检查是植物的根系没有长出来，还是植物的原有根系已经腐烂。此时可以将多肉连根拔出，重新清理根部，再换上一些干净的土壤。

浇水时间

在春、夏、秋三个季节浇水，最好选在傍晚，此时天气凉爽，适宜吸收。干燥、低温的冬季浇水时，应该选在中午进行。正确方法是沿着花盆的边缘浇水，避免将水滴到叶片上。禁止将水流流到叶片的中心处形成积水，这样会将阳光聚集在一点上，烧坏叶片。

浇到叶片中心的水珠，可以将水珠吹走，或者用纸巾吸干。

浇水间隔

多肉植物的浇水间隔，并不是简单的一周一次，或者一月一次，而是要根据地域气候、天气变化、多肉植物的大小以及花盆的材质来进行判断。

地域气候及浇水

沿海城市的气温最高温度不超过32℃，大部分时间都处于23~28℃，还时有海风吹来，更进一步降低温度，因此没有夏季的休眠期，可以放心地浇水。

南方地区及西南地区的温度，持续在35~40℃时，天气闷热，风速很小，此时多肉会进入休眠期，因此不必浇水，通过断水来度过夏季。但是断水时间不可以过长，过长会导致植物干死。可以适量地给植物增加湿气，也可以在凉爽的傍晚用喷壶喷水，或者用湿毛巾擦拭叶片等方法来进行缓解。

▲ 浇到叶片中心的水分，用纸巾小心地吸干

▲ 美丽的多肉需要根据不同的地域气候条件进行浇水

施肥

不再为施肥发愁，让你的多肉光彩照人生机勃勃

多肉植物的原生地多是沙漠荒野之地，土壤贫瘠，养分很少，因此也有许多种植爱好者提倡多肉植物的种植模拟其原生环境，不施肥，少施肥。但是植物生长，肥料又是必需的。

肥料可以提供植物生长所需的三大要素：氮、磷、钾。

因为多肉植物一年只长几片叶子，养料消耗很少，而且一年中还有几个月的休眠，所以家养多肉植物时，土壤中现有的养分已经足够了，几乎不需要额外的肥料补充。注意以下两点即可。

① 施肥与生长速度要协调。对于一些如岩牡丹属、帝冠、花笼等生长极为缓慢的品种，以及生石花属的多肉植物，还是少浇或不浇为好。这就是说，施肥和浇水一样，要和这些品种本身的生长速度相适应。越是需要少浇水的品种，也就可以少施肥。不过一些多肉植物在养的过程中，加大温差，促进生长，也经常施一些速效肥，效果显著。所以施肥一定要根据多肉植物生长情况来调整，这样可以起到良性循环的作用。

▲ 仙人掌科植物

▲ 仙人掌科植物开花

❷ 植物开花时要施肥。植物开花结果需要消耗大量的养分。植物的开花结果是一次重要的生命周期，所以每到这个时候，植物全部的组织都会配合这次生养后代的重要行动，其中包括：茎杆会加粗以防止花朵果实过重而倒伏。根系会抓得更深，帮助吸收更多的养分。有些植物连叶片都会适当脱落，以免遮挡昆虫的授粉和果实的采光。因而此时多肉植物需要更多的额外肥料补充。

多肉植物需要的肥料很少，正常情况下几乎不用给肥。多肉植物的生长比较缓慢，在用肥的情况下，短时间内也很难看出效果。禁止为了增快植物的生长速度而催肥，这样反而会伤害植物。

需要用肥的植物，可以使用“缓释肥”，不仅方便省事，而且适合多肉植物的生长。在土壤中混入少量或者在土壤表层撒入几粒即可保持约6个月的时间。

多肉植物很适合这种缓慢释放肥力的肥料。

▲ 将缓释肥撒入几粒即可

施肥要点

对于仙人掌和多肉植物的施肥有不同的方法。

仙人掌在春季会结束休眠期，开始向快速生长期过渡，此时施肥对仙人掌十分有益。正常情况下，每3~4周施肥1次，还有少量的种类是每6~8周施肥1次，肥料要以低氮素的薄肥为主，或者以氮、磷、钾的完全肥为主。家庭种植的观赏性仙人掌则可以直接使用复合肥，不仅方便，还减少污染。

多肉植物由于长势缓慢，因此要利用合肥的施肥来进行养护。在生长季节，每2~3周施肥一次，这类的植物包括沙漠玫瑰属、莲花掌属、芦荟属等；大部分的多肉只需每月一次肥即可，另外，像对叶花属等每4~6周一次肥即可。厚叶草属、马齿苋树属等可每6~8周施肥一次。大多数的多肉植物适用于完全肥或者低氮素肥；极少数的类似于棉枣儿属的植物适用于钾素肥。在高温的夏季要停止施肥，而秋末低温时也要停止施肥。

常见病虫害及防治

不再为施肥发愁，让你的多肉光彩照人生机勃勃

多肉植物的病害很少，并不常见，但白粉病是多肉植物的通病。白粉病很难根治，喷药也不能完全清除，还会传染给其他植株，因此在发现病株后要马上隔离。

可以将其放置在露天的环境下，接受雨水的冲刷，有50%的几率可以痊愈。

多肉植物患病的原因主要有以下几点：

①过分干燥，长时间缺少，长时间置于隐蔽的环境，无法见光。

②水分过多，土壤过于潮湿，滋生霉菌。

③植物自身容易患病，例如：千佛手、火祭、紫章等。

多肉植物的常见虫害

多肉植物常见的虫害有小黑飞、蚜虫、介壳虫、蜗牛、毛毛虫等。除了毛毛虫外，其他虫害可以通过通风来进行预防。此外，在种植的初期做好清理工作，清洗、修根、换土等都是正确的方法。

小黑飞

这种飞虫比较特殊，只会在通风条件极差的情况下出现。成虫会在土壤中产卵，幼虫并不会飞，但刨开表层后可以发现大量的幼虫。

防范小黑飞的首要方法就是加强通风，可以直接将花盆移至室外，良好的通风条件不会再继续滋生小黑飞。已经患有此种虫害的植株，要换掉整个花盆的土壤，仔细地清洗花盆和植物的根系，换上干净的新土。还可以用碗盛上肥皂水，放在与花盆持平的位置，可以引走小黑飞，从而保护植物。

▲ 千佛手

蚜虫

蚜虫是很常见的虫害，尽管新植入的植物没有沾染蚜虫，但长有翅膀且繁殖速度极快的蚜虫依然会很容易使植物遭受灾害。

蚜虫尽管破坏力强，但治疗方法也很简单。最简单的方法是用手直接清理。数量较多时，可以用水直接冲洗，冲洗干净即可。数量巨大时，用“护花神”这种药物可以快速清理干净。

预防蚜虫的方法也很简单方便，将植物移至室外或者通风良好处即可。

▲蚜虫

介壳虫

介壳虫是多肉植物最容易爆发的虫害，虫类繁多，破坏力强。常见的介壳虫有两种。白色的介壳虫称为“白粉介”，比较常见，经常出现在叶背和叶片的中心处。另一种被称为根粉介壳虫，一般会在土壤中出现，而根粉介壳虫是最难根治的虫害。

白粉介

白粉介不仅容易发现，治理方法也很简单。非常干燥的土壤中很容易出现白粉介，并且传播速度很快，在发现后要立即进行隔离，一旦耽误就会使所有的植株沾染上此虫害，严重时会使所有的植物枝条凋萎，直至死亡。白粉介的分泌物还会引发煤污病，具有极大的危害性。

在发现后，可以用牙签或者小镊子清理白粉介。由于白粉介的繁殖力强，因此需要反复地检查有没有幼虫或者虫卵。数量很多时，可用“护花神”进行清理，在浇水时段，每周喷洒一次药水，两次即可彻底清除。

根粉介壳虫

根粉介壳虫是一种很难治理的虫害，此种病虫通常只会在土壤内活动，黏附在根系上，几乎不会出现在土面上或者勃发出很严重的情况。在这种极不容易发现的情况下，根粉介壳虫会不断壮大，直至充斥整个花盆。

对于新植入的多肉植物，要仔细清理整株植物，用干净的新土换掉旧土。

景天科、番杏科很容易滋生根粉介壳虫，百合科的植物则因为可以分泌毒液和麻痹性的液体，则不会出现根粉介壳虫。

染上根粉介壳虫的植物会生长的十分缓慢，甚至停止生长。这种不生长也不会死亡的状态会持续很长时间，因此可以通过这点来发现虫害。

▲ 根粉介壳虫

其他清理根粉介壳虫的方法

①清理掉所有沾染根粉介壳虫的土壤，用强日照暴晒60~70天，然后和肥料混合，重新放入花盆内使用。

②将多肉清洗干净晾干，将旧土换成干净的新土，花盆也换成干净的新花盆，放置在干燥通风处。

③用钢丝球仔细地刷净花盆，用消毒液浸泡，浸泡的时间越长越好。浸泡好后，取出在冲刷，清洗一遍才可以使用。

④将沾染根粉介壳虫的多肉植物的根系全部修剪掉，再用清水清洗根部，然后用高锰酸钾液浸泡5~6分钟。浸泡好之后取出清洗即可。

如果上述的所有方法都不能完全清理根粉介壳虫，就要在后期的养护中多注意通风环境，或者直接露天养护，可以很大程度上的缓解虫害。发现根粉介壳虫后，可以用镊子取走。夏季高温天气，根粉介壳虫产卵数量多，频率高，因此每天都要进行检查，第一天检查过的地方第二天还要检查，避免出现遗漏。

多肉植物根系的养护

不再为施肥发愁，让你的多肉光彩照人生机勃勃

多肉植物的根系保护很重要，根系是多肉植物吸收水分以及土壤中微量元素的主要途径。要想种好多肉植物，首先应该养护好多肉植物，对多肉植物的生长状态有很好的帮助。

养护第一步——土壤

土壤是多肉植物根系养护的第一步，正确配置的土壤，会使根系长势良好，在短短2~3周的时间就能占满整个花盆。如果使用的土壤是独揽严重的黑色腐叶土、腐殖土，多肉植物很难会长出新的根系，不利于多肉植物的生长。而容易板结的土壤则会将根系闷死，所以种植的多肉植物，无论品种，每隔1~3年都要翻盆一次，进行换土。从而使盆土变得松软，充满间隙，使根系能充分的呼吸。

▲好的土壤可以使多肉长势健康

多肉植物换盆时可以清楚看到根系的生长情况，健康的多肉根系发达，多肉植物丰满。因此土壤是否利于多肉的生长，观察多肉植物的状态便可以了解根系的情况。

很多多肉植物在买回来的时候并没有根，因此需要利用土壤使植物生根。可以选择使用泥炭土，对植物的根系不仅有很好的帮助，还可以促进生根。

生根的方法有很多，现在较流行的是利用空气中的水分来促进生根。这样可以避免植物因为土壤中的霉菌而出现腐烂情况。

新生的根系呈白色，有些品种还会带有绒毛。这属于正常情况。根系在生长一段时间后，颜色会变深，还会慢慢变得木质化，可以防止幼虫、霉菌的侵扰。

养护第二步——水分

根系的后期养护需要注意以下三点：

1.不要使土壤过于干燥或者断水，过分干燥会使土壤中的含水量过少，导致根系枯死，不利于植物的生长。

2.不要在高温天气的中午进行浇水。会使原本就高温的花盆内温度更高，形成一种桑拿状态，使根系闷死。

3.不要使水分过多，会造成浸泡状态，长时间浸泡会使根系腐烂，坏死。

多年生的老植株，根系已经十分强大，因此具有非常强劲的根系，能从土壤中吸取充分的营养和水分，对水分要求也比较多。这时不能再根据少给水的方法浇水，而应该是在春秋生长季，每2、3天浇水一次。

生长状态良好的多肉植物，根系一定健壮。可以通过这点来观察植物的根系状态。

▲健康的多肉，根系长势良好，十分健壮

多肉生活礼
Chapter
4
缤纷多彩的多肉植物

子宝 *Gasteria gracilis var. minima*

百合科沙鱼掌属

产地：原产于南非、纳米比亚

养护难度：★★★☆☆

一直很疑惑子宝为什么又叫元宝花，直到第一眼看到它，我才明白。因为子宝看起来，就像是一锭绿色的大元宝。肥肥的叶子像是一条舌头，十分光滑。叶面上的白点和条纹状的锦斑也让人感到新奇。更加奇妙的是，经过暴晒的子宝叶面会变成红色，与常绿的植物相比，更有一种特别的美感。

百合科 Liliaceae

子宝在夏季不能长时间的放在户外暴晒，暴晒会使子宝叶片灼伤，晒后回留下黑斑，且叶片不再肥厚可爱，而变得淡薄，且叶色不鲜绿，失去观赏价值，同时，长时间暴晒也会导致子宝生长不良。

子宝叶片为什么会出现黑斑？

之所以会出现黑斑，是因为在养护过程中子宝遭受了阳光暴晒而导致了叶片的灼伤。除此之外还可能导致叶片薄，不鲜绿等状况。

生活习性

温度 生长适温13～21℃，冬季温度保持5～10℃。

环境 喜光照，夏季移至散光照射处。

施肥 较喜肥，生长期每月施肥一次。

配土 可用复腐叶、细沙、园土配置。

生长期 春、秋两季是子宝的主要生长季。

繁殖 子宝常有幼株从基旁长出，可根据生长情况分株换盆。也可播种繁殖。

养护日历

月	1	2	3	4	5	6	7	8	9	10	11	12
光照			☼				散射光照射即可				☼	
浇水		💧		干透浇透			💧			干透浇透		💧
盆土		干		湿			干			湿		干

卧牛 *Gasteria armstronii*

百合科沙鱼掌属

产地： 南非、纳米比亚 **养护难度：** ★★★☆☆

卧牛的名字里面有个牛字，眼前的这株卧牛，叶片就像一条大水牛的舌头，摸起来肥厚、粗糙，有种坚硬的朴实感。整个植株是墨绿色的，叶面上有许多白色的突起，让人不敢触及。花朵像邻居小姑娘过年穿上的新衣，上绿下红，十分花哨。

生活习性

温度 生长适温13～21℃，冬季温度保持5~12℃。

环境 喜光照，盛夏高温期移至半阴位置。耐干旱。

施肥 较喜肥，生长期每月施肥一次。

配土 可用腐殖土、泥炭、木炭和透气石料的混合土。

生长期 春、秋两季是卧牛的主要生长季。

繁殖 以分株为主，将老株的侧芽掰下入土培养。不太容易繁殖，也可用蘖芽扦插。

养护日历

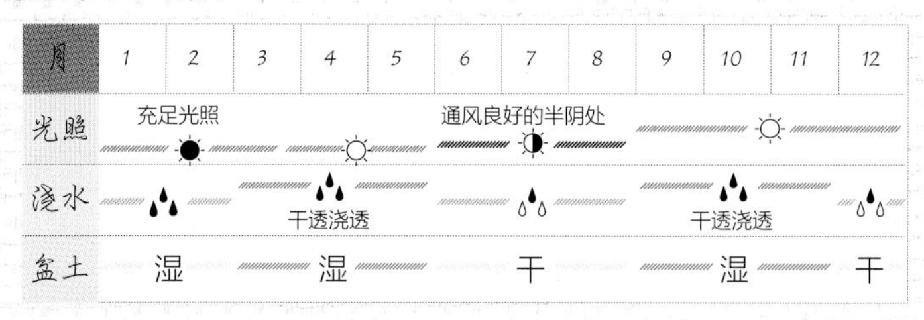

月	1	2	3	4	5	6	7	8	9	10	11	12
光照		充足光照 ●		☼			通风良好的半阴处 ◐			☼		
浇水		💧		💧 干透浇透			💧			💧 干透浇透		💧
盆土		湿		湿			干			湿		干

养护贴士

Maintenance tips

卧牛喜欢排水良好、温暖干燥、光线充足的地方。温暖的光照使卧牛叶片深绿且肥厚，但要注意的是在盛夏高温期注意避免阳光直晒。如果叶片呈现淡茶色，说明光照过强，可选择透气的遮挡物对盆栽进行适当避光，以免影响观赏价值。

卧牛叶片为什么会出现黑点？

卧牛出现黑点主要是因为根部环境的潮湿与不透气通风导致植株根系出现腐烂受伤的情况，应及时处理，以防影响植株的生长。

百合科 Liliaceace

玉扇 *Haworthia truncata*

百合科十二卷属

产地： 原产于南非

养护难度： ★★★☆☆

第一次见到玉扇，忍不住被它奇特的外观所吸引。其长方形的整体让人感到十分罕见。深蓝或灰色的叶片像一个个等待检阅的士兵，整整齐齐地相对排列着。而它的顶部，却是截然不同的褐绿色。少数的玉扇表面还有透明的灰白色的花纹，更给人一种诡异的美感。

百合科 Liliaceae

养护贴士 Maintenance tips

栽培基质可用营养土、粗沙等的混合土壤加入些许骨粉配制。生长期适量浇水，保持盆土湿润，夏季高温期处于半休眠状态时，盆土宜干燥，冬季低温期严格控制浇水。

玉扇的名称由来和主要价值是什么？

玉扇较为罕见，其株形似扇，顶端透明如窗，花纹多变，精巧雅致，如同有生命的工艺品，具有收藏价值，深受人们喜爱。

生活习性

温度 19~22℃最适宜生长，冬季温度不低于10℃。

环境 生长期需要明亮、充足的光照来保持叶片的美观。

施肥 生长期每月施1次稀释饼肥水。

配土 可用腐叶土掺蛭石及少量骨粉等配制。

生长期 春、秋两季是玉扇的主要生长季。

繁殖 玉扇繁殖方式多种多样，分株、叶插、根插、播种皆可。每年春季要进行换盆。

养护日历

月	1	2	3	4	5	6	7	8	9	10	11	12
光照				明亮、充足的光照						明亮、充足的光照		
浇水				忌积水						干透浇透		
盆土		干		干			干			湿		干

康平寿 *Haworthia comptoniana*

百合科十二卷属

产地：原产于南非

养护难度：★★★★☆

如果你见过康平寿，就很难不被它矮矮、萌萌的样子逗乐。5～7厘米的身高就像一个小矮人，而胖胖的叶片更让它看起来憨态可掬。叶的顶端的三角形部分有浅色的方格斑纹，像家中的天窗，透明而光亮。而叶面上白白的斑点，就像窗户上的雪花，让人忍不住想要擦下。

生活习性

温度 生长适温为16～18℃，冬季温度维持在5℃以上。

环境 喜日照，春秋适宜半阴条件，冬季需要充足柔和的阳光。

施肥 较喜肥，生长期每月施肥一次。

配土 可用泥炭土加排水较好的珍珠石、蛭石等混合。

生长期 春、秋两季是康平寿的主要生长季。

繁殖 康平寿常用分株、叶插、播种的方式进行繁殖，也可通过人工授粉进行杂交。

养护贴士 Maintenance tips

康平寿又名康是十二卷，其色彩和花纹较为奇特，是十二卷属中的珍稀品种。在种植时，夏季注意搬至半阴处继续生长。如果植株出现叶色发红、生长缓慢的现象，说明光线过强，应注意避光。

养护日历

月	1	2	3	4	5	6	7	8	9	10	11	12
光照		充足柔和的阳光			半阴环境养护						半阴环境养护	
浇水				忌积水						忌积水		
盆土		干		干			干			干		干

什么是康平寿的窗？

康平寿顶端呈三角形，平而同名的窗状结构被称之为康平寿的窗。而植株的价格也和窗的透明度直接挂钩。窗越透明，价格越高。

百合科 Liliaceace

玉露 *Haworthia obtusa var.pilifera*

百合科十二卷属

产地：原产于南非开普省

养护难度：★★★☆☆

乍一看玉露，会给人一种眼前一亮的感觉。3～4厘米高的玉露，小巧玲珑、晶莹剔透，就像艺术展中精致的工艺品，让人有种呵护的冲动。肉肉的叶片像一叶叶扁舟，深绿的脉纹仿佛荡漾的水纹。透明的叶片像绿色的宝石戒指，令人爱不释手。

养护贴士 Maintenance tips

玉露整体株形娇小可爱，晶莹剔透，适宜室内摆放、栽种。栽种宜选用浅盆和较肥沃的沙质土壤。养护时对阳光敏感，光线过强时叶色灰暗。对空气湿度要求也较高，空气湿度过低时叶尖的须会迅速枯萎。

何种幼苗能长出优秀的玉露品种？

幼苗中株型紧凑、“窗”透明度高且纹脉显著的种苗都可能长出优质的品种。而发现颜色有变化的幼苗也要注意保存，长大后很可能就是一株珍贵的斑锦变异植株。

生活习性

温度 不耐寒，冬季温度维持在5～12℃。

环境 喜亮光，也耐半阴。夏季避免强光照射。

施肥 较喜肥，生长期每月施肥一次。

配土 可用蛭石3份、腐叶土或草炭土2份混合配制。

生长期 春、秋两季气温适宜，玉露长势最佳。

繁殖 玉露可以通过扦插、叶插、分株，甚至是人工授粉播种多种方法繁殖。

养护日历

月	1	2	3	4	5	6	7	8	9	10	11	12
光照			☼				◑ 避免强光照射			☼		
浇水		💧		💧 多浇水			💧			💧 多浇水		💧
盆土		干		湿			干			湿		干

白斑玉露 *Haworthia cooperi 'Variegata'*

百合科十二卷属

产地：原产于南非开普省

养护难度：★★★☆☆

白斑玉露果然是物如其名，叶子上延伸的乳白色脉纹，立刻使它变得与众不同。静静地凝视着眼前这株白斑玉露，在阳光的照耀下，叶片仿佛变得透明，更让我觉得朦胧了。叶片的顶端，细小的触须摇曳，白色的筒状小花散发着清新的气味，彰显着白斑玉露别样的美丽。

百合科 Liliaceae

养护贴士 Maintenance tips

白斑玉露的主要病害是烂根病，主要因为栽种时选择了通透性不好的材料和土壤长期积水。如果出现病状，应立即改善栽培环境，选用疏松透气性好的土壤种植，并在种植期间注意不要积水。此外，植株中心若长期积水会造成烂心，也要注意。

白斑玉露为什么变得干瘪不饱满？

这种情况应该是植株烂根引起的，导致的原因是土壤的通透性太差。夏季的白斑玉露特别容易烂根，应注意养护。

生活习性

温度 不耐寒，忌高温。生长适温18～22℃。

环境 光照敏感，忌强光，耐半阴。

施肥 生长旺盛期每月施肥，夏季高温和冬季低温时不施肥。

配土 可用蛭石 、腐叶土或草炭土混合配制。

生长期 春秋季为生长季，夏季高温时进入半休眠状态。

繁殖 可采用扦插和播种等方法繁殖。

养护日历

月	1	2	3	4	5	6	7	8	9	10	11	12
光照							遮阳养护					
浇水				干透浇透						干透浇透		
盆土		干		干			干			干		干

姬玉露

Haworthia cooperi var. truncata
百合科十二卷属

产地：原产于南非

养护难度：★★★★☆

姬玉露与玉露相比，是玉露的小型变种。如果说玉露是小巧玲珑，对于姬玉露，只能用袖珍形容。姬玉露就像手心的一朵小小的莲花，透明晶莹，惹人怜爱。细细观察，发现叶片上还有细细的线状脉纹，有绿色，也有褐色。询问之下才明白，褐色的脉纹是光照充足的表现。

百合科 Liliaceae

生活习性

温度 冬季夜间最低温度在8℃左右，白天在20℃以上。

环境 喜亮光，也耐半阴。盛夏高温期注意避强光。耐干旱，也要保持土壤湿润。

施肥 较喜肥，生长期每月施肥一次。

配土 常用腐叶土、粗沙或蛭石加少量骨粉混合土栽种。

生长期 春、秋两季是姬玉露的主要生长季。

繁殖 可结合换盆进行分株，也可通过根插、叶插或播种繁殖。

养护日历

月	1	2	3	4	5	6	7	8	9	10	11	12
光照			☼			高温期注意避强光				☼		
浇水				多浇水			控制浇水			多浇水		
盆土		干			湿		干			湿		干

养护贴士
Maintenance tips

姬玉露种植期间，如果植物周围空气较干燥，可经常使用喷雾器向植株及周围环境喷水。在植物生长期可使用剪去上半部的无色透明塑料瓶罩起来养护，营造一个湿润的环境。这样可使叶片饱满，并且透明度更高。

姬玉露换盆的作用?

姬玉露的生长过程中根系会分泌酸性物质，使土壤酸化，并造成根部的老化中空，翻盆时应将老化中空和长得过长的根系剪掉，保留粗壮新根重新培育，才能保证植株的长势。

琉璃殿 *Haworthia limifolia*

百合科十二卷属

产地：原产于南非

养护难度：★★★☆☆

琉璃，一个十分美丽的名字。琉璃殿的美，与它的名字相比，也是不遑多让。灰绿至蓝绿的色泽，有一种诡异的魅力。看着眼前这株莲座状的琉璃殿，会突然想起儿时最爱玩的风车。叶子的顶端尖尖的，使琉璃殿看起来又像是一颗天上的星星。

百合科 Liliaceae

养护贴士 Maintenance tips

琉璃殿生长较缓慢，可以每两年换盆一次,换盆时要剪去老根、病根等，也可以结合叶插繁殖一起进行。

琉璃殿最主要的还是叶斑病和根腐病，如果出现，需要及时喷洒药剂进行治疗。

琉璃殿如何修剪？

琉璃殿的花观赏价值不高，出现花序后可去除以防其消耗养分。花序最好用手拔除，防止残余花根影响植株正常生长。

生活习性

温度 生长适温18～24℃，冬季温度不低于5℃

环境 喜光照，夏季高温强光时注意避阴。

施肥 较喜肥，生长季节每月施肥一次。

配土 选用腐叶土、培养土和粗砂的混合土加少量骨粉。

生长期 春秋季为主要生长季，夏季高温时生长缓慢，5℃以下停止生长。

繁殖 用基部蘖芽扦插或直接上盆。也可叶插。

养护日历

月	1	2	3	4	5	6	7	8	9	10	11	12
光照	☼					放在阳光散射的地方 ◑				☼		
浇水	💧			干透浇透			💧			干透浇透		💧
盆土	干			湿			干			湿		干

九轮塔 *Haworthia reinwardtii var. Chalwini*

百合科十二卷属

产地：原产于南非开普省

养护难度：★★★☆☆

眼前的这株九轮塔，的确颇有宝塔的神韵。15～20厘米的高度，在十二卷植株里，也算是佼佼者了。绿色的叶片像螺旋一样，彼此缠绕，直冲天际。而叶片上那密密麻麻的白色颗粒，像凝结在表面的晨霜，也恰恰印证了它霜百合的别名。

百合科 Liliaceae

生活习性

温度 发芽适温21～24℃，冬季温度不低于10℃。

环境 喜光。夏季避强光，冬季保持充足光照。

施肥 较喜肥，生长旺期每月施肥一次。

配土 可用腐叶土加河沙混合配土。

生长期 春、秋两季是九轮塔的主要生长季。

繁殖 采叶腋或茎轴基部长出的小侧枝扦插。

养护贴士

Maintenance tips

九轮塔叶片颜色素净淡雅，相对于同属品种对光线要求不高，非常适合在家庭中摆放。栽种时建议选用腐叶土加少许烃石，或者直接使用疏松的园土。种植时注意光线要柔弱，不宜强光。每年翻盆一次，翻盆时需摘除腐烂或枯死的根系。

养护日历

月	1	2	3	4	5	6	7	8	9	10	11	12
光照	充足光照						夏季避强光					
浇水				干透浇透						干透浇透		
盆土	干			湿			干			湿		干

九轮塔要如何浇水？

生长期保持盆土的湿润，空气干燥时，需增加空气湿度。冬夏植株进入半休眠，盆土需要保持干燥。

条纹十二卷

Haworthia fasciataChalwini

百合科十二卷属

产地：原产于南非

养护难度：★★☆☆☆

映入眼帘的这株条形十二卷，一片片叶子直指天际，像出鞘的利剑，妄图斩断苍穹。小小的植株，叶似龙骨。绿色的叶片表面，白色的瘤状条纹层层叠叠。与绿色的叶子相对比，给人一种冲突的美感。

百合科 Liliaceace

生活习性

温度 生长适温18～22℃，冬天维持的5℃以上。

环境 喜明亮光照，也耐半阴。注意避开强光。

施肥 较喜肥，生长期间每月施一次肥。其他季节可不施肥。

配土 可用腐叶土加河沙2:1混合后再加入少量骨粉。

生长期 春、秋两季是条纹十二卷的主要生长季。

繁殖 常用分株和扦插繁殖，培育新品种时采用播种。

养护贴士

Maintenance tips

当春秋两季气温适宜时，足够的光照可以帮助条纹十二卷光合作用积累养分，保证顺利度过夏季和冬季。在冬季要移到光线明亮的地方，冬季室内的东南方向门窗边光照足，是摆放的最佳位置。在室内其他地方养护时，每隔一段时间要搬到室外养护一段时间，防止叶片长得薄、黄，枝条纤细，发生徒长现象。

养护日历

月	1	2	3	4	5	6	7	8	9	10	11	12
光照			☼				放在阳光散射的地方 ◐			☼		
浇水	💧			💧			💧 控制浇水		💧			💧
盆土		干		湿			干			湿		干

条纹十二卷有哪些具体的价值？

条纹十二卷一般为盆栽植物，小巧精致的特点适合书桌、几架上作装饰，以供人欣赏。而其能在夜间吸收二氧化碳的功能，让它在清新居室空气的方面也有自己的独特作用。

布纹球 *Euphorbia obesa*

大戟科大戟属

产地：原产于南非开普省

养护难度：★★★★☆

布纹球远远看去，就像是一个碧色的圆球。圆圆滚滚的，让人有种放在手心呵护的冲动。细细观察这个绿色的小圆球，发现在它的表面有着许多条红褐色的条纹，一圈一圈，保卫着这个小小的圆球。而纵向的棱上，也张有许多小小的钝齿，褐色的锯齿像布纹球上长出的小小牙齿，煞是可爱。

布纹球体本身不产生子球，所以必须用种子繁殖，加上植株容易老化，寿命较短，因此被人们视为多肉植物中的珍品。其盆栽常用于书桌、案头等处，别有一番风趣。

生活习性

温度 生长适温20~28℃，冬季温度不低于12℃。

环境 多光照，夏季注意避开强光直晒。

施肥 较喜肥，生长旺盛期施肥1~2次。

配土 可用珍珠岩混合泥炭，再加蛭石和煤渣配土。

生长期 夏季是布纹球的主要生长期，冬季低温时进入休眠。

繁殖 繁殖用播种，也可以切顶繁殖。

布纹球有哪些常见的病虫害？

常见的病害为茎腐病，可用链霉素喷洒防治。而主要的虫害，介壳虫和红蜘蛛，可用40%乐果乳油进行喷杀。

养护日历

月	1	2	3	4	5	6	7	8	9	10	11	12
光照			☼				放在阳光散射的地方				☼	
浇水				适度浇水						适度浇水		
盆土		干		湿			干			湿		干

春峰 *Euphorbia lactea f.cristata*

大戟科大戟属

产地：原产于斯里兰卡、印度

养护难度：★★★☆☆

第一眼看到春峰，很容易让人想起到大公鸡的鸡冠。那种茎部的扭曲感和相互之间的错叠和儿时见过的鸡冠有异曲同工之妙。春峰的形态以此为代表，但却也是千奇百怪。询问之后才知道，这都是因为在生长过程中产生了返祖现象导致的，而颜色也有绿、黄、乳白、淡紫等多种。

生活习性

温度 生长适温20~25℃，冬季温度不低于5℃。

环境 喜光，夏天高温强光时注意避晒。

施肥 较喜肥，生长期施肥2~3次。

配土 可用珍珠岩混合泥炭，再加蛭石和煤渣配土。

生长期 春、初夏与秋季是春峰的主要生长季。

繁殖 春峰的繁殖常用嫁接法。

养护贴士 Maintenance tips

春峰比较需要腐熟的薄液肥或复合肥。肥料中氮肥含量不宜过高，否则会导致植株过绿影响观赏。肥料中应该以磷、钾肥为主。

春峰有什么装饰作用？

春峰又名帝锦缀化，是春锦的缀化品种。其植株造型独特、多变，观赏价值较高，是装饰卧室、客厅的佳品。虽然没有亮丽的花朵和绿叶，但它那形状似鸡冠的肉质茎部千变万化，清新雅致，在观赏植物中独特而具魅力，深受多肉爱好者追捧。

养护日历

月	1	2	3	4	5	6	7	8	9	10	11	12
光照			☼				适当遮阴				☼	
浇水				保持盆土湿润不积水						保持盆土湿润不积水		
盆土	干			湿			干			湿		干

红彩云阁

Euphorbia trigona 'Rubra'

大戟科大戟属

产地：原产于纳米比亚

养护难度：★★☆☆☆

红彩云阁，乍听之下，以为是天上宫阙。我低头看着这株约1米高的红彩云阁，三角形的茎部形状颇为奇特，在茎部之上遍布的枝棱，都十分肥厚。棱的边缘像是起伏的海浪，而对生的红褐色的硬刺，却像是两队列兵挺起了手中的长枪。紫红色的叶片和表皮上黄色的脉纹，点缀出不一样的美丽。

养护贴士 Maintenance tips

红彩云阁可以与其他的仙人掌类或多肉植物进行混合栽种养护，制作成组合型盆景。需要注意的是，在养护期间不要将植株的白色乳液入眼，因为其白色乳液有毒，宜放置小朋友触及不到的地方。

红彩云阁如何成功扦插？

在5~9月选取母株的分枝插穗扦插。剪下的插穗需等一段时间扦插，否则切口会发生腐烂。切口处流出的白色乳汁，应蘸上草木灰进行晾晒，待到切口干燥，就可进行扦插。

生活习性

温度 冬季维持5℃以上。

环境 喜光照，夏季高温期避强光。

施肥 较喜肥，生长期每半月左右施一次腐熟的稀薄液肥。

配土 选用肥沃且排水良好的沙壤土，添加少量草木灰。

生长期 红彩云阁没有什么特定的生长期，除冬季低温，皆可生长。

繁殖 扦插是红彩云阁常见的繁殖方法。

养护日历

月	1	2	3	4	5	6	7	8	9	10	11	12
光照						对遮阴要求不严格						
浇水	12℃以上可浇水											
盆土	干			湿			干			湿		干

彩云阁 *Euphorbia trigona*

大戟科大戟属

产地：原产于纳米比亚

养护难度：★★★★☆

彩云阁的美，在于它的独特外形。直立三角状的茎部，让它在众多的灌木植株中分外显眼。茎部分出的枝棱，泛着白色的晕纹。而棱边形似波浪，就像一艘小船延伸出的排排船桨，让人感觉无比自如。

生活习性

温度 不耐寒，冬季维持12℃以上的室温，5℃以上安全越冬。

环境 喜光照，稍耐半阴。夏季稍注意避强光直晒，注意通风。

施肥 较喜肥，生长期每月施肥一次。

配土 对培养土无特别要求，但需要掺入一定量的河沙。

生长期 春、秋两季是彩云阁的主要生长季。

繁殖 生长季节剪取健壮充实茎段进行扦插，即可繁殖。

养护日历

月	1	2	3	4	5	6	7	8	9	10	11	12
光照			☼				对遮阴要求不严格 ◐				☼	
浇水	节制浇水											
盆土	干			湿			干			湿		干

养护贴士 Maintenance tips

彩云阁在栽种时对盆土要求不严，但要掺入适量的河沙，保持良好的排水性即可。彩云阁的生长期间需要良好的光照，同时还要注意施加肥料，施加的肥料中不宜含过多氮肥，以免因光照不足，植株徒长使茎、叶中含过多的绿色，影响美观。

彩云阁翻盆时需要做些什么？

彩云阁的栽培过程中都要要常常进行修剪，确保株型优美。翻盆时，要剪掉根系的过长和腐朽部分，对杂乱的枝芽也要及时去除。

大戟科 Euphorbiaceae

虎刺梅

Euphorbia splendens

大戟科大戟属

产地： 原产于马达加斯加岛

养护难度： ★★☆☆☆

初闻虎刺梅之名，甚觉霸气。见面之时，却颇显秀丽。深绿的茎部上长满了灰色的粗刺，而多生的纸条上，满是碧绿的叶子。深红的花像一个个小酒杯伫立在枝头，仿佛一杯美酒，让人沉醉。又像是蝴蝶展开双翅，欲要翱翔天际。如此美景，与君共赏。

大戟科 Euphorbiaceae

虎刺梅生长需要保持良好的温度和湿度。在夏季空气干燥时，可以用喷雾器在植物周围喷洒少量水。有强光照射时将盆栽移至半阴处，或适当遮阴。冬季注意保持一定的光照，可用塑料薄膜包住花盆保持温度。

虎刺梅有毒吗？

虎刺梅全株有毒，白色乳汁毒性强。误食会有呕吐、腹泻现象。且会释放出刺激性气味，种过此类植物的土壤中被检测出含有致癌病毒和化学致癌物的激活物质。所以不适宜在室内养殖。

生活习性

温度 15~32℃为合适的生长温度，越冬温度保持在10℃以上。

环境 喜温暖光照，稍耐阴。夏季注意避强光。

施肥 较喜肥，生长期每月施肥一次。

配土 可用腐叶土或泥炭土加1/2的沙土和少量肥料配成。

生长期 春、秋两季是虎刺梅主要生长期。

繁殖 主要有扦插繁殖和组织培养两种方法。

养护日历

月	1	2	3	4	5	6	7	8	9	10	11	12
光照							置于半阴处					
浇水							每天浇水1次					
盆土		干		湿			干			湿		干

天使 *Conophytum ectypum*

番杏科肉锥花属

产地：原产于南非和纳米比亚

养护难度：★★★☆☆

初闻天使，还以为是基督教里那些漫天飞舞的小精灵。而初见天使，它小巧玲珑的形象也确实像一个俏皮的小天使。仔细端详这颗状似爱心的绿色精灵，一株株整齐排列于眼前，顶端是一道清晰地裂缝，仿佛是匠人不经意劈凿出的一刀，让天使有了完全不一样的形象。

生活习性

温度 生长适温15~25℃，冬季不低于10℃。

环境 喜半阴，夏季移至阴凉处生长。

施肥 较喜肥，生长期每月施肥一次，夏季和冬季勿施肥。

配土 粗砂、腐叶土、珍珠岩、泥炭以2:2:1:1的比例混合。

生长期 春、秋两季是天使的主要生长季。

繁殖 繁殖方式主要有播种和分株两种。

养护日历

月	1	2	3	4	5	6	7	8	9	10	11	12
光照			☼				放在阳光散射的地方				☼	
浇水				少浇水			控制浇水					
盆土	干			湿			干			湿		干

养护贴士 Maintenance tips

天使的繁殖方式有播种、分株两种，宜在秋季进行。播种时选用草炭土，然后掺沙土或蛭石，需要用杀虫、杀菌水将种子浸透再播种，播种后覆一层薄膜，发芽后去掉覆膜，加强光照。分株繁殖，首先将丛生的植株分开，晾3天左右，伤口干燥后栽种即可，有根、无根都能成活。

天使的生长过程有什么特点？

天使一般植株高度在2~3厘米左右，株幅则在3~5厘米。天使为多年生小型肉质草本，生长过程中，十分容易发生群生的现象。

雷童 *Delosperma pruinosum*

番杏科露子花属

产地：原产于南非

养护难度：★★★☆☆

有人告诉我，雷童又叫做刺叶露子花。它小巧肉质的叶片上，散布着密密麻麻的小刺，就像一只蜷缩的绿色小刺猬，静静沉睡在细长的灰褐色的枝梢。白色或淡黄色的小花虽不起眼，却也给我一种朴素淡雅的舒适感，

番杏科 Aizoaceae

养护贴士 Maintenance tips

雷童主要靠扦插进行繁殖，叶插或枝插皆可。叶插是将叶片平放在稍湿润的土加沙混合土壤里。然后放置阴凉处,数日后发根，埋进土里即可。枝插是剪一段顶部的枝，把下段埋在土里等待张根就可以了。

雷童在净化环境方面有哪些作用?

雷童除了具有一定的观赏价值之外，其对于电脑和电视等发散出的电辐射有一定的吸收作用，也能有效降低空气中甲醛等有害部分的含量，创造更优秀的家居环境。

生活习性

温度 生长适温15~25℃，冬季不低于5℃。

环境 喜光照，也耐半阴。

施肥 较喜肥，生长期间每隔3周施一次肥，冬季勿施肥。

配土 配土一般用泥炭、蛭石、珍珠岩各一份混合而成。

生长期 春、秋两季是雷童的主要生长期。

繁殖 主要有扦插繁殖和播种繁殖两种方法。

养护日历

月	1	2	3	4	5	6	7	8	9	10	11	12
光照	☼					放在阳光散射的地方 ◐				☼		
浇水	💧		适量浇水				💧		适量浇水			💧
盆土	干		湿				干			湿		干

荒波 *Faucaria tuberculosa*

番杏科肉黄菊属

产地：原产于南非

养护难度：★★★☆☆

荒波的外形，在我看来，并不算很有美感。肥厚的绿色叶片相互对生，叶边缘是肉质的细齿相对排列。叶面上，有许多白色的瘤状突起，大约有4～6枚。当荒波开花时，黄色的花瓣像漫天的烟花绽放在叶片上端，构成了荒波独特的美感。

养护贴士 Maintenance tips

荒波在冬季养护时需要将其放置于阳光充足的地方，温度应不低于7℃，并保持土壤稍干燥。如果此时温度能保持在10℃以上，可以适量浇水。养护的土壤要求疏松、排水性优良的沙质壤土，且富含石灰质。

荒波如何使促进开花？

荒波的开花季节为秋季，想要促进其开花的速度，可以适当增加施肥频率。同时在花盆表面铺上一层深色的砾石，提高盆土温度，利用此种方法，可以有效促进荒波的开花进程。

生活习性

温度 不耐寒，冬季温度应不低于7℃。

环境 喜光照，也耐半阴。夏季高温强光时适当遮阴。

施肥 较喜肥，生长期间每月施一次肥，夏季勿施肥。

配土 配土一般可用泥炭、蛭石和珍珠岩的混合土。

生长期 春、秋两季是雷童的主要生长期。

繁殖 主要有扦插繁殖和播种繁殖两种方法。

养护日历

月	1	2	3	4	5	6	7	8	9	10	11	12
光照							适当遮阴					
浇水				充分浇水						充分浇水		
盆土	干			湿			干			湿		干

四海波 *Faucaria tigrina*

番杏科肉黄菊属

产地： 原产于南非

养护难度： ★★★☆☆

四海波的表皮看起来扁扁的，摸起来硬硬的，叶子的边缘延伸出大约五对肉肉的小齿，齿上长出的纤毛也是粗粗的。走进观察，发现叶子的生长方式呈对生状态，由基部统一长出，相互交替，杂乱无序。黄色的小花俏皮可爱，甚是喜人。

生活习性

温度 生长适宜温度18~28℃。

环境 喜光照，也耐半阴。夏季高温强光时注意避晒。

施肥 较喜肥，生长期每月施一次肥。夏季不施肥。

配土 配土一般可用泥炭、蛭石和珍珠岩的混合土。

生长期 春、秋两季是四海波的主要生长季。

繁殖 以分株为主，最好在春秋季进行。

养护贴士

Maintenance tips

如果想要养护好四海波，建议种植时选用泥炭、蛭石和珍珠岩的混合土。在植物生长期时不宜浇水太多，以免积水烂根。还要掌握好夏季休眠期的控水、通风、遮阴、施肥等工作，即可培育成功。

养护日历

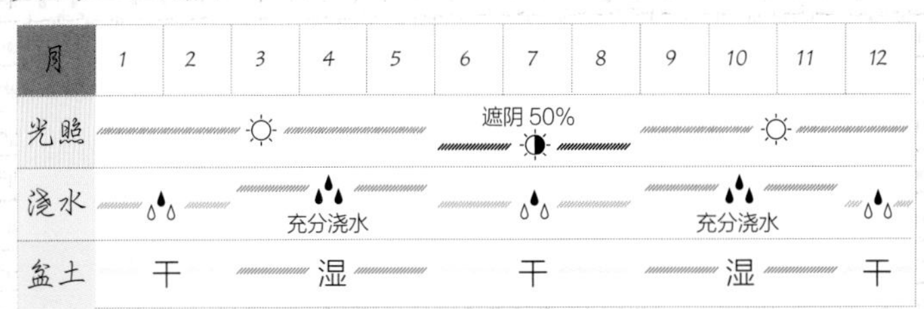

月	1	2	3	4	5	6	7	8	9	10	11	12
光照			☼				遮阴50%				☼	
浇水		💧		充分浇水			💧			充分浇水		💧
盆土		干		湿			干			湿		干

四海波如何能够健康培育？

四海波养护的时候一定要注意通风，植株不太适合和其他多肉植物组合培养，因为其管理特别麻烦。在炎热的夏季要特别注意对植株的保护，防止植株腐烂。

番杏科 Aizoaceae

日轮玉 *Lithops aucampiae*

番杏科生石花属

产地：原产于南非

养护难度：★★★★☆

日轮玉相比于其在日文中的“太阳”的名字，显得更加唯美诗意。倒圆锥形的身体，顶着一个圆圆的“帽子”，顶部窗面那些深浅不一的褐色斑点与花纹，的确有点像晚霞投射下的阳光。而中间的那一道裂缝，像一只小小的眼睛，调皮的看着你。

番杏科 Aizoaceae

养护贴士 Maintenance tips

日轮玉生命力较为强健，但极难发生徒长，所以在养护的过程中不需要担心徒长问题。

日轮玉不耐寒，在冬季最好将植株放入密闭的玻璃缸中，确保其能安全过冬。在植株蜕皮分裂时，千万不要从顶部淋水，以防植株腐烂。

日轮玉的浇水有哪些注意事项？

日轮玉这种生石花植物，不需要经常浇水，在种植时注意掌握“不干不浇，浇则浇透”的原则即可。

生活习性

温度 不耐寒，冬季保持10℃以上可安全过冬。

环境 喜光照，夏季强光注意庇荫。

施肥 较喜肥，生长季每月施一次肥。

配土 使用腐叶土混1/4蛭石作为培养土。

生长期 春、秋两季是日轮玉的主要生长期。

繁殖 主要采取播种法进行繁殖。

养护日历

月	1	2	3	4	5	6	7	8	9	10	11	12
光照							放在阳光散射的地方					
浇水				充分浇水						充分浇水		
盆土		干		湿			干			湿		干

露美玉 *Lithops turbiniformis*

番杏科生石花属

产地： 原产于南非

养护难度： ★★★★☆

第一次看到露美玉，还以为是盆里的卵石。露美玉石头花的别名也就不难理解了。盆里的露美玉，像一个个小小的陀螺，肥厚的棕灰色叶片上，满是深褐色的花纹，像阳光投射在斑驳的灰色墙面。开花的季节里，白色或黄色的花朵在顶部盛开，灿烂璀璨，美不胜收。

生活习性

温度 不耐寒，生长适温为20～24℃。冬季温度需保持8～10℃。

环境 喜光照，夏季高温停止生长，需移至阴凉散光处生长。

施肥 较喜肥，生长期每半月施肥1次，秋季开花后暂停施肥。

配土 泥炭土和颗粒土按照1:1进行配土。

生长期 春、秋季都是露美玉的主要生长季。高温环境下进入休眠。

繁殖 主要通过播种繁殖，4~5月播种。

养护日历

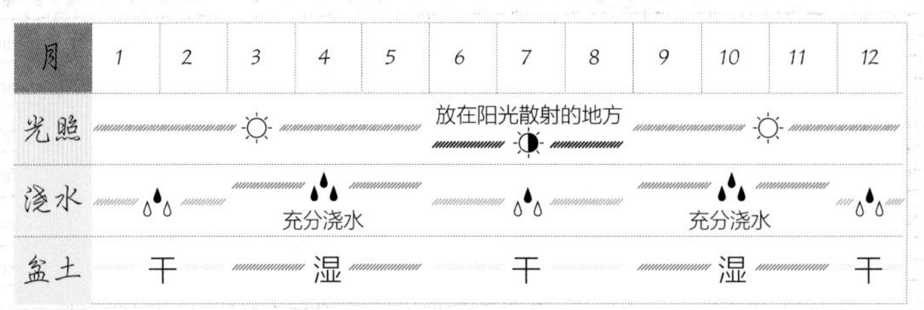

月	1	2	3	4	5	6	7	8	9	10	11	12
光照			☼				放在阳光散射的地方 ◐			☼		
浇水	💧			充分浇水			💧			充分浇水		💧
盆土	干			湿			干			湿		干

养护贴士

Maintenance tips

露美玉幼苗喜冬暖夏凉环境，保持这种环境能让植株在3~4月时长出新的叶片，而这时老的叶片会逐渐萎缩。夏季来临时新叶越长越厚，逐步长大。

植物在生长期浇水时需要注意不宜太多，否则易长出青苔，影响球状叶正常生长。

露美玉为什么长得像石头？

露美玉原产于非洲南部及西南非的干旱地区，一般长在岩床裂隙或砾石土中。它类似石头的形态特征是为了防止小动物掠食而形成的自我保护天性，这种自我保护天性称为“拟态”。

青鸾

Pleiospilos simulans

番杏科对叶花属

产地：原产于南非

养护难度：★★★★☆

青鸾在初次映入我眼帘时，就像一只展翅欲飞的青鸾鸟，充满自由和舒展的感觉。第二眼观看，又像是一只褐绿色的大元宝。叶片的表面摸起来，有种凹凸不平的感觉。细细观察，才发现叶面那些深绿色的小圆点。青鸾的花有点像秋日绽开的雏菊，万绿丛中的一抹橘黄，使整个植物别具一格。

养护贴士

Maintenance tips

青鸾在夏季高温季节会进入半休眠状态，因此在养护过程中需要保持盆土的干燥。同时控制浇水，进行适当的遮阴并保持良好的通风，以防止青鸾在休眠期内发生烂根等情况。

如何区分青鸾和帝玉？

在养护中很多多肉爱好者会将青鸾和帝玉混淆。青鸾和帝玉长相相似，都为元宝形，但青鸾较舒展。青鸾与帝玉明显不同的是它生长快，夏季管理较简单，适合大部分地区的栽培。但其休眠期比帝玉短得多。

生活习性

温度 不耐寒，冬季保持在7℃以上可安全过冬。

环境 耐半阴。夏季高温强光时注意避晒。

施肥 较喜肥，生长期每半月施肥1次。

配土 使用腐叶土和粗砂土混合，再加入少量骨粉。

生长期 春、秋两季是青鸾的主要生长期。

繁殖 主要采取播种法进行繁殖。

养护日历

月	1	2	3	4	5	6	7	8	9	10	11	12
光照			☼				放在阳光散射的地方 ◑			☼		
浇水	💧			充分浇水			💧			充分浇水		💧
盆土	干			湿			干			湿		干

帝玉 *Pleiospilos nelii*

番杏科对叶花属

产地：原产于南非开普省

养护难度：★★★★☆

帝玉整个看起来像一枚小小的元宝，透明的小斑点遍布在灰绿的叶面上，让人忍不住想去触摸一下。叶面呈半圆形相对生长，正面平整，背面浑圆，像一个被切开的绿橙子。在春天，帝玉会开出橙黄色的花朵，就像娇艳的雏菊，美丽动人。

生活习性

温度 不耐寒，生长适温18~24℃。

环境 耐半阴，夏季强光时注意避光遮阴。

施肥 较喜肥，生长期每20～30天施一次腐熟的稀薄液肥。

配土 普通花卉培养土，加1/3的珍珠岩，1/3的细沙混合即可。

生长期 春、秋季都是帝玉的主要生长季。

繁殖 帝玉常用播种法进行繁殖，而扦插繁殖同样适用。

养护日历

月	1	2	3	4	5	6	7	8	9	10	11	12
光照			☼			放在阳光散射的地方				☼		
浇水				充分浇水						充分浇水		
盆土		干		湿			干			湿		干

养护贴士
Maintenance tips

帝玉的繁殖方式为扦插繁殖和种子繁殖。两者相比之下，扦插繁殖比种子繁殖成活率更高，而且出苗快、开花早，缺点是成株分叶慢且少，繁殖数量也少，适合于家庭培育。如果用种子播种，则周期长，优点是出苗多，易形成规模，适合于商业培育。

帝玉幼苗如何进行养护？

帝玉在刚移植的几天，要保持湿润，一周以后，逐渐形成见干见湿的浇水原则，同时也加强光照，对小苗予以锻炼，增强苗株的抗逆性，为小苗以后的生长奠定良好的基础。

姬红小松

Trichodiadema bulbosum

番杏科仙宝属

产地：原产于南非

养护难度：★★★☆☆

第一眼看到姬红小松，让人想起山崖上、裂石缝中屹立的雪松。只是多了一份玲珑俏皮，少了一份坚韧不拔。粗大的根部上面是肉质的根茎。而顶端的叶子上生长着的纤细白毛使整个植株呈现纺锤的形状。

番杏科 Aizoaceae

养护贴士

Maintenance tips

姬红小松生长期间可以经常对其进行修剪，有利于其侧枝叶的生长，对保持更优美的形态也有好处。修剪时首先剪短过长的枝条，留2~3组对叶，然后剪去过密的枝条，最后摘除根叶芽即可。

姬红小松有哪些主要功能？

姬红小松的根部含有酵母，可用来对啤酒、面包等进行发酵；除了他的实用价值外，植株还能有效吸收空气中的电磁辐射和甲醛等有害部分，对家居环境的净化效果也是十分明显。

生活习性

温度 生长适温19~24℃，冬季温度不宜低于7℃。

环境 喜光，生长期早晚见光。

施肥 较喜肥，春夏秋生长季七至十天施肥一次。

配土 可用泥炭混合颗粒的煤渣河沙，以透气为主。

生长期 春、初夏和秋季是姬红小松的主要生长期。

繁殖 可在生长季节剪取带叶的分枝进行扦插。

养护日历

月	1	2	3	4	5	6	7	8	9	10	11	12
光照			☼				放在阳光散射的地方 ◑			☼		
浇水		💧		3~4天浇水1次			每天浇水2次			3~4天浇水1次		💧
盆土		干		湿			湿			湿		干

五十铃玉 *Fenestraria aurantiaca*

番杏科棒叶花属

产地： 原产于纳米比亚

养护难度： ★★★★☆

五十铃玉的外表相对于那些或奇特，或瑰丽的多肉植物，显得有些平淡无奇，但却别有一番风味。淡绿色的肉质叶片顶端几近透明，就像许多跟肉肉的长木棒直立在盆土中。根部的鲜红点缀出一点不一样的味道，当金黄色的花朵盛开的时候，就像小棒子戴上了一顶帽子，十分可爱。

生活习性

温度 生长适宜温度15～30℃。

环境 喜光照，也耐半阴。生长期每天保持3、4小时光照，夏季注意避光。

施肥 较喜肥，生长期每月施一次肥，每年施肥5、6次即可。

配土 腐蚀土、粗砂、兰石、陶土颗粒、珍珠岩按照4:2:2:1:1的比例混合配土。

生长期 春、秋、冬季都是五十铃玉的主要生长季。

繁殖 主要通过播种繁殖或分株繁殖。

养护日历

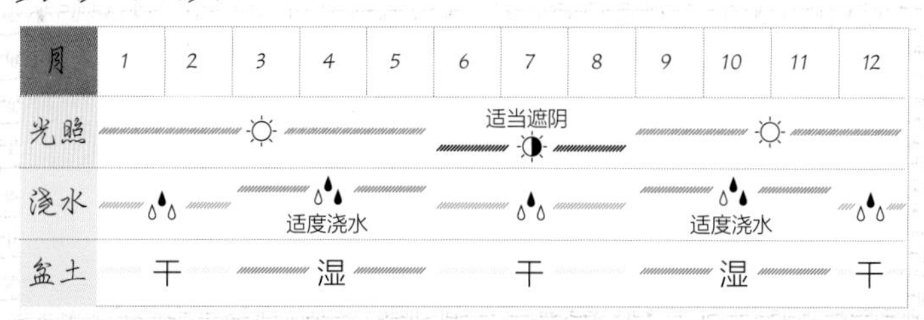

月	1	2	3	4	5	6	7	8	9	10	11	12
光照			☼				适当遮阴 ◑			☼		
浇水		💧		💧 适度浇水			💧			💧 适度浇水		💧
盆土		干		湿			干			湿		干

养护贴士 *Maintenance tips*

五十铃玉的种植花盆建议选用泥盆或陶瓷盆。种植时的栽培土壤建议选择便宜的介质。然后将多肉植物专用的腐蚀土、粗砂、兰石、陶土颗粒、珍珠岩按照4:2:2:1:1的比例混合使用，可以少量加入赤玉土使用(可以不加)。

五十铃玉如何进行科学浇水?

最好采用浸盆发，从盆底给水，水位不要超过花盆的2/3，大概15秒就可以了。当看到叶面萎缩，有皱皮现象就可以浸盆，夏季减少浇水刺水，对叶面喷雾即可。

番杏科 Aizoaceae

紫星光 *Trichodiadema densum*

番杏科仙宝属

产地：南非

养护难度：★★★☆☆

紫星光这个名字的由来，一直让人不太能理解。直到第一次看到它开花，才令人恍然大悟。紫红色的花朵，就像紫色的星光般耀眼，让人徜徉。在粗大的根部上面，肥厚的茎节交互。顶部的叶子上排列着白色的绒毛，随着微风的吹拂，摇曳着四季的感伤。

生活习性

温度 不耐寒，生长适温19~24℃，冬季保持7℃以上安全过冬。

环境 喜日照，夏季注意遮阴。

施肥 较喜肥，生长季每月施一次低氮素肥。

配土 主要选取透气性较强的肥沃沙质土壤。

生长期 春、秋季都是紫星光的主要生长季。

繁殖 在生长季节选取当季植株的粗壮枝条进行扦插。

养护日历

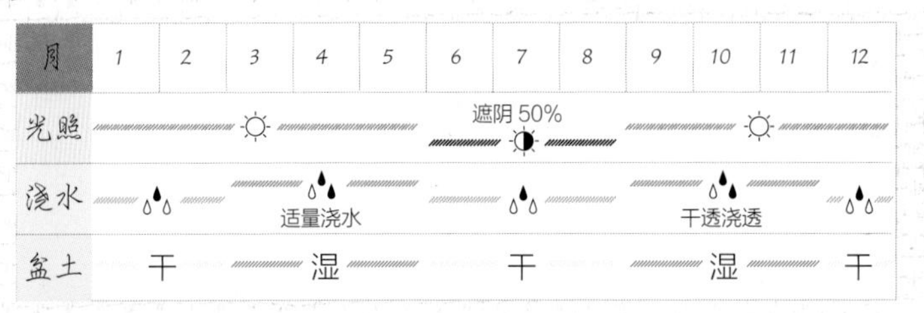

月	1	2	3	4	5	6	7	8	9	10	11	12
光照			☼				遮阴50% ◐			☼		
浇水	💧			适量浇水			💧			干透浇透		💧
盆土	干			湿			干			湿		干

养护贴士

Maintenance tips

春季是紫星光开花的旺盛期，虽然它在夏秋季皆开花，但数量较少，没有春季开花数量多。它的花朵一般阳光明媚的白天绽放，傍晚闭合。当植物遇到阴雨天气或长时间放置阴暗处时，植株难开花，所以一定要给予充足的光照。

紫星光如何繁殖？

紫星光的繁殖一般用扦插繁殖，在其生长季节，剪取健壮充实的茎段进行扦插即可。扦插后放在空气湿润、通风良好的半阴处即可，像有窗户的浴室就很符合要求。

番杏科 Aizoaceae

五色万代锦

Agave kerchovei var. pectinata

龙舌兰科龙舌兰属

产地： 原产于墨西哥

养护难度： ★★★★☆

这株五色万代锦看上去，高度约为25～30厘米。它看起来就像一朵莲座，碧翠动人。它的叶子中部为黄绿色，而叶子边缘渐渐变绿。边缘的硬刺让五色万代锦显得十分硬朗，而白色或黄色的花朵，却又给植株注入了一丝柔情。

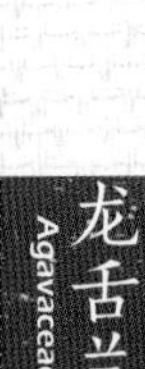

养护贴士

Maintenance tips

冬季要经常将五色万代锦搬出室外通风，如果冬季养护不当就会诱发炭疽病等病害。当发生这些病害时，可用甲基硫菌灵可湿性粉剂喷洒，或者喷洒甲基托布津防止病害继续蔓延。

五色万代锦有哪些特点与用处？

五色万代锦又名五彩万代。其叶片颜色对比强烈，明亮鲜艳而附有变化，是龙舌兰科属中的珍贵品种。非常适合多肉爱好者家庭养护观赏。可以布置卧室、餐厅、阳台等处，美观自然，别具情趣。

生活习性

温度 不耐寒，冬季维持10℃以上可安全过冬。

环境 喜光，夏季高温强光时注意遮阴。

施肥 较喜肥，生长期每月施一次薄肥，秋季降温后不施肥。

配土 可用泥炭混合煤渣河沙等使用。

生长期 春、夏、秋季是五色万代锦的主要生长期。

繁殖 播种或分株繁殖。

养护日历

月	1	2	3	4	5	6	7	8	9	10	11	12
光照							放在阳光散射的地方					
浇水				干透浇透						干透浇透		
盆土		干		湿			干			湿		干

大刺龙舌兰

Agave attenuata

龙舌兰科龙舌兰属

产地：原产于墨西哥

养护难度：★★★★☆

大刺龙舌兰属于多年生的常绿草本。它与其他龙舌兰的最大不同就是它的叶子尖山长有黑色的、坚硬的刺。所以在日常养护中应将其放在高处或空间宽裕的场所，避免人被硬刺伤到。

生活习性

温度 不耐寒，生长温度为18~24℃，冬季温度不低于8℃。

环境 喜光，耐半阴。夏季无需遮阴。

施肥 较喜肥。生长季每月施一次肥，秋季降温后不施肥。

配土 用泥炭土、肥沃园土、粗沙的混合土，加少量干鸡粪、骨粉等。

生长期 春、秋两季节是大刺龙舌兰的主要生长季。

繁殖 常用播种繁殖和分株繁殖。

养护日历

月	1	2	3	4	5	6	7	8	9	10	11	12
光照							无需遮阴					
浇水							早晚多向叶面喷水					
盆土		干		湿			干			湿		干

养护贴士

Maintenance tips

大刺龙舌兰每2~3年换盆一次。其主要病害为叶斑病、炭疽病，如果出现病害，可用退菌特可湿性粉剂喷洒。虫害有介壳虫危害，用敌敌畏乳油喷杀即可。

大刺龙舌兰播种繁殖的具体过程有哪些？

大刺龙舌兰的播种适合在4~5月间进行，最后是在室内用花盆播种，播种后一定要覆上细土。种子发芽的温度为20~24℃，播种后约15~20天即可发芽。

雷神 *Agavepotatorum var.verschaffeltii*

龙舌兰科龙舌兰属

产地：原产于墨西哥

养护难度：★★★☆☆

提起雷神，通常让人想起的绝不会是眼前这株莲座状的植物。矮矮小小的株型，像是插着许多柄宽大的宝剑。宝剑的边缘，还生长着黑色的硬刺和锯齿。整个植株也颇有雷神霸气的风范。

龙舌兰科 Agavaceae

养护贴士 Maintenance tips

雷神养护生长期要适量浇水，浇水应掌握“不干不浇，浇则浇透”原则，不可经常浇水。如果盆土过湿，会导致植物叶片发黄、根系腐烂。也不宜过于干旱，否则植株生长缓慢，甚至停止；叶片也会变得黯淡而缺少光泽，从而影响植物欣赏价值。

雷神有哪些价值和用途？

雷神的株型矮小俊雅，青绿色的叶片也是朴素美丽，而叶缘、叶端的黑刺又显得危险诡异。这种鲜明的对比，提升了植株的观赏性。而其对于环境的净化效果，也让雷神成为最受欢迎的盆栽植株之一。

生活习性

温度 喜温暖，生长最适宜温度为18～25℃。

环境 喜光照，不耐阴蔽，夏季高温注意通风。

施肥 较喜肥，生长期每月追施1次氮磷钾肥料。冬季勿施肥。

配土 可用泥炭混合煤渣河沙等使用。

生长期 春、秋季是雷神的主要生长期。

繁殖 多采用分株繁殖，植株茎基部易萌发根蘖苗。

养护日历

月	1	2	3	4	5	6	7	8	9	10	11	12
光照	☼					无须遮阴 ☼				☼		
浇水	少量			适量		增加浇水				适量		少量
盆土	干			干			干			干		干

王妃雷神

Agave macroacantha

龙舌兰科龙舌兰属

产地：原产于墨西哥

养护难度：★★★☆☆

王妃雷神，高度大约有7厘米左右。肥厚的叶片像一片片碧色的大巴掌，又有点像螃蟹的背壳。青绿色的叶子边缘，有些许小小的肉刺生长。肉齿顶端的锈红色短刺，摸起来十分扎手。每当夏季来临，黄绿色的花朵盛开，展现出的是无与伦比的美丽。

生活习性

温度 不耐寒，生长最适宜温度为18~25℃。

环境 耐半阴。夏季强光时注意遮阴。

施肥 较喜肥。生长季每月施一次肥，冬季不施肥。

配土 用泥炭土、肥沃园土、粗沙的混合土，加少量干鸡粪、骨粉等。

生长期 春、秋两季节是王妃雷神的主要生长季。

繁殖 常用播种繁殖、扦插繁殖和分株繁殖。

养护贴士

Maintenance tips

王妃雷神喜光，但不耐阴，过于阴暗时会导致植物叶片细长而薄，叶面白粉减少，植株松散而不美观。长时间无光照时叶片尖端及叶片边缘的硬刺会由鲜艳的红褐色变得暗淡无光；叶面逐渐褶皱。

养护日历

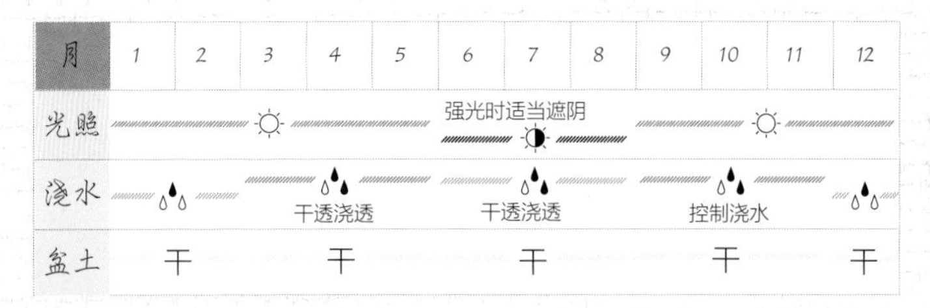

月	1	2	3	4	5	6	7	8	9	10	11	12
光照			☼				强光时适当遮阴				☼	
浇水				干透浇透			干透浇透			控制浇水		
盆土	干			干			干			干		干

王妃雷神进行翻盆需要注意什么？

王妃雷神生长较慢，一般2~3年翻盆1次即可。翻盆宜在春天或初夏时进行。翻盆时要剪除部分老根及烂根，将白色的新根保留并换上新土。

黑法师

Agavepotatorum var.verschaffeltii

景天科莲花掌属

产地：原产于摩洛哥

养护难度：★★★☆☆

黑法师不同于一般的植物，通体的黑色，让它显得庄严肃穆。厚实紫黑色的叶子在顶端聚集成太阳花般的圆盘形状，沉默中所透露出的是中世纪欧洲黑衣大法师的神秘气质。而叶子边缘的纤毛像是小姑娘的睫毛，凭空为黑法师增添了一抹淡淡的温柔。

养护贴士 Maintenance tips

夏季高温时黑法师进入休眠期，但休眠时间不长。在休眠期间植株可放在通风良好处养护，避免长期雨淋，并适当遮阴、减少浇水，还要停止施肥。

雷神有哪些特殊的生长习性?

黑法师因叶片本身容易变成黑色，所以善于吸热。但一旦光照过多，叶片又会变软。黑法师属于多肉植物的“冬种型”，夏季休眠，凉爽季节却正常生长。

生活习性

温度 18~25℃的温度比较适宜，冬季能耐3~5℃的低温。

环境 喜光照。夏季不宜强光暴晒，需适当遮阴。

施肥 喜肥。生长期间每月施肥一次。

配土 粗砂或蛭石腐叶土园土以2:1的比例混匀后使用。

生长期 春、秋、冬季是黑法师的主要生长期。

繁殖 可在早春季节剪下莲座叶盘进行扦插。

养护日历

月	1	2	3	4	5	6	7	8	9	10	11	12
光照			☼			放在阳光散射的地方				☼		
浇水		💧		干透浇透			💧			干透浇透		💧
盆土		干		湿			干			湿		干

火祭 *Crassula capitella*

景天科青锁龙属

产地： 原产于南非

养护难度： ★★★☆☆

火祭这个名字听起来很有意思。叶子在阳光的沐浴下由原本的鲜绿转变成如同火焰一般的嫣红。在圆筒形的纸条上，肉质的叶子相对排列，整齐生长，使整个株型呈现出规则的菱形外表。而貌似星星一般的小白花，点缀出的，是燃烧的火焰中那一抹纯洁的亮白。

生活习性

温度 生长适温18~25℃，冬季温度宜保持在5℃以上

环境 喜柔和的阳光，也耐半阴。夏季高温期注意遮阳。

施肥 较喜肥，生长期间每个月进行一次施肥。

配土 可用腐叶土、沙土和园土各一份进行组合配制。

生长期 春、秋两季节是火祭的主要生长季。

繁殖 火祭的繁殖以扦插为主。也可播种、分株繁殖。

养护日历

月	1	2	3	4	5	6	7	8	9	10	11	12
光照			☼				适当遮阴			☼		
浇水				10天左右浇水1次						10天左右浇水1次		
盆土		干		湿			干			湿		干

养护贴士 Maintenance tips

火祭的成年植株要每1~2年换盆一次，最好是在春季进行，盆土宜用排水透气性良好的沙质土壤。当植株长得过高时要及时修剪，以控制植株高度，促使基部萌发新的枝叶，维持株形的优美。

火祭的形象特点有怎样的魅力？

如同火焰一般的鲜红叶子体现出火祭独特的魅力与观赏价值，散发出生命独特的热情与勃勃生机。在晚秋至初春的冷凉季节叶色尤为鲜亮，非常应景。

新玉缀

Sedum burrito

景天科景天属

产地：原产于墨西哥

养护难度：★★☆☆☆

新玉缀的外形，看起来就像一串挂悬在枝头的葡萄，端端正正，直直圆圆的叶子围绕着悬挂的枝条，像陀螺一样，蔓延生长。不知不觉间，叶片就已长得肥厚饱满，郁郁葱葱。我摘下一片叶子，轻轻触碰着叶面上的白色粉末，感受到的，是满满的春日的清新。

景天科 Crassulaceae

养护贴士 Maintenance tips

新玉缀养护时要注意干燥通风，叶片几乎全年是绿色，生长速度较快，非常容易垂吊生长，不适合与其他植物混植。夏季休眠时，要注意减少浇水。

新玉缀的生长习性如何？

植株一般匍匐生长，也可以悬挂培育。长时间处于强光下会使叶片生长致密，即发生徒长，但新玉缀的徒长并不会让植株损失观赏性，而是让植株更加美观。一般来说，炎夏中午的强光会导致植株恶性徒长，所以在夏季时要注意植株的遮阴，其他情况的光照条件，都能确保新玉缀的旺盛生长。

生活习性

温度 适宜生长温度为15~23℃，冬季在5℃以上。

环境 喜光照，可充分接受光照。

施肥 耐贫瘠，生长期间每月施肥一次，注意控制氮肥用量。

配土 可以用1:1的粗沙和培养土混合。

生长期 春、秋季是新玉缀的主要生长期。

繁殖 新玉缀繁殖多用叶插。

养护日历

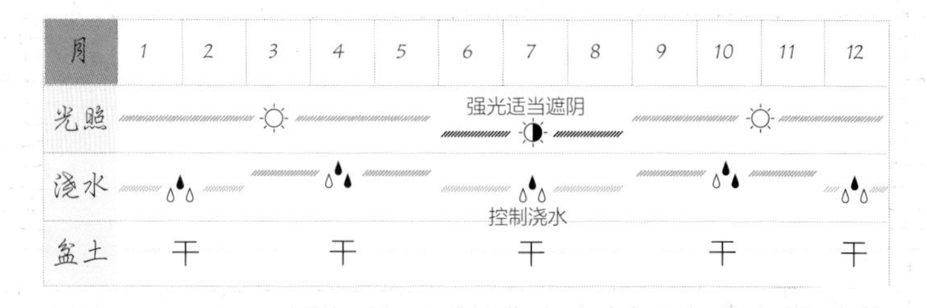

月	1	2	3	4	5	6	7	8	9	10	11	12
光照			☼				强光适当遮阴				☼	
浇水		💧		💧			💧 控制浇水			💧		💧
盆土		干		干			干			干		干

御所锦 *Adromischus maculatus*

景天科景天属

产地：原产于南非

养护难度：★★★☆☆

乍看之下，很难让人注意到眼前这株御所锦的存在。两片倒卵形的叶子相对而生，像一只展翅欲飞的蝴蝶。绿色的叶翅上，红褐色的斑点像是翅膀上的花纹，叶片边缘稍薄，整个御所锦，像是一枚贝壳张开了两片扇贝，小巧玲珑中，带着一点可爱的感觉。

景天科 Crassulaceae

养护贴士 Maintenance tips

御所锦喜欢温暖干燥、阳光充足的环境，所以在养护过程中应尽量给予御所锦喜欢的环境。在种植御所锦时，要选用肥沃、疏松、排水性好的沙质土壤，只有优质的土壤御所锦才能枝繁叶茂。

御所锦有哪些常见虫害?

御所锦常见的虫害是介壳虫为害，当发生时，可用毛刷蘸取少量烟灰水进行擦拭即可将虫害清除。如果发病严重，可喷施辛硫磷乳油或氧化乐果乳油进行防治。

生活习性

温度 生长适温13~21℃，冬季温度保持5℃以上。

环境 喜光照，盛夏高温期移至半阴位置。

施肥 较喜肥，生长期每月施肥一次。

配土 一般可用腐叶土、蛭石、粗砂或珍珠岩的混合土，加少量草木灰和骨粉。

生长期 御所锦的主要生长期在春季和秋季。

繁殖 可用叶片进行扦插繁殖。

养护日历

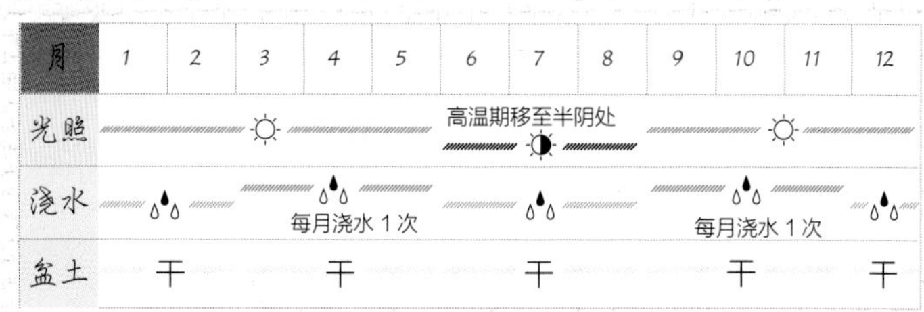

月	1	2	3	4	5	6	7	8	9	10	11	12
光照			☼				高温期移至半阴处 ◐				☼	
浇水		💧		💧 每月浇水 1 次			💧			💧 每月浇水 1 次		💧
盆土		干		干			干			干		干

小球玫瑰

Sedum spurium cv.'Dragon's Blood

景天科费菜属

产地：原产于墨西哥

养护难度：★★★☆☆

小球玫瑰有点像迷你版本的玫瑰花，小小的个头却生长茂密。值得一提的是，它的叶子中间虽是常见的绿色，叶子的波浪状边缘，却是鲜艳的红色。随着时光流逝，植株整个都会变得紫红。新生的小小花朵，就像一朵朵的小小玫瑰，只是更加小巧，更讨人喜欢。

生活习性

温度 生长最佳温度为18~25℃，冬季温度应保持在5℃以上。

环境 需要给予充足的光照，但夏季仍需稍遮阴。

施肥 全年施肥2~3次，可以用稀释饼肥水。

配土 可用泥炭土、蛭石、珍珠岩，以1:1:1配置。

生长期 初春的深秋是小球玫瑰的主要生长期。

繁殖 一般选用剪下的健壮枝条进行扦插繁殖。

养护贴士

Maintenance tips

小球玫瑰的四季浇水方法，首先浇水量要少，其次浇水的频率要低，只要保持土壤微湿润即可，浇水过程中不能将盆土浇透，即不能用浸盆法浇水，否则易引起烂根。夏季半休眠状态需保持盆土稍干燥。

养护日历

月	1	2	3	4	5	6	7	8	9	10	11	12
光照							置于稍阴凉爽处					
浇水		干透浇透		干透浇透							干透浇透	
盆土		干		干			干			干		干

小球玫瑰徒长的原因有哪些？

小球玫瑰在生长期内不能接收充足的光照，过于频繁的浇水也会导致植株的疯狂徒长，对于徒长的小球玫瑰可以通过砍头的方式进行繁殖修剪。

虹之玉 *Sedum rubrotinctum*

景天科景天属

产地： 原产于墨西哥

养护难度： ★★★☆☆

虹之玉，如虹般绚烂夺目，如玉般清澈动人。叶片的样子肉肉的，像一颗椭圆的葡萄。绿色的颜色，纯粹得就像一枚上好的青玉。当阳光充足的时候，绿色的叶子渐渐变红，红绿相间，妩媚动人。当淡黄色或淡红色小花盛开的时候，配着如玉般清澈的花叶，美好到无以复加。

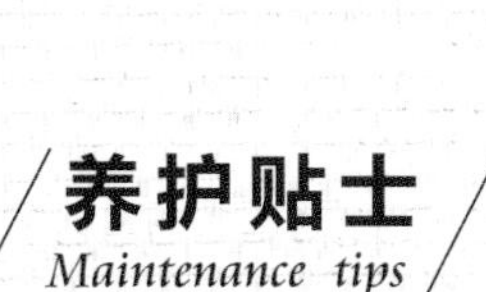

养护贴士 Maintenance tips

虹之玉在日照充足的情况下叶片会变为红色或粉红色，非常适合组合盆栽，能丰富组合盆栽的颜色。虹之玉会在夏季休眠，休眠期间要减少浇水，放在半阴处养护。虹之玉的繁殖以叶插为主，繁殖速度快，成活率高。

虹之玉的病害有哪些以及防治方法？

虹之玉偶尔会发生叶斑病和茎腐病，确保良好的通风条件是防治叶斑病的关键。茎腐病多是由于冬季环境过于潮湿引发的，所以在冬季减少浇水，保持盆土稍微干燥。

生活习性

温度 生长适温10～28℃，冬季室温不宜低于5℃。

环境 喜光照，夏季移至散光照射处。

施肥 较喜肥，生长期每月施肥一次。

配土 可用土泥炭、珍珠岩、蛭石混合配土。

生长期 春、秋季是虹之玉的主要生长期。

繁殖 虹之玉的繁殖方式以叶插为主。

养护日历

月	1	2	3	4	5	6	7	8	9	10	11	12
光照			☼				放在阳光散射的地方				☼	
浇水		💧		每周浇水1次			少浇水，多喷雾			每周浇水1次		💧
盆土		干		湿			干			湿		干

筒叶花月 *Crassula oblique*

景天科青锁龙属

产地：原产于非洲

养护难度：★★★☆☆

筒叶花月，形状奇特，色泽迷人。叶子像一个个圆圆的小竹筒，深绿色的叶片顶端有一些微微发黄，质地有点像是蜡，泛着淡淡的光泽。冬天的时候，叶子的边缘会变成红色，使整个植株变得更加迷人。而植株的上端多有分枝，像麋鹿的犄角，十分可爱。

景天科 Crassulaceae

养护贴士 Maintenance tips

疏松透气的轻质酸性土壤非常适合用来种植筒叶花月，如腐叶土、草炭土等，所以在选购土壤时一定要“投其所好”。筒叶花月的繁殖可以选择茎插，茎插时可剪取一段健壮的肉质茎，插入沸水消毒过的粗砂或素土中即可。

筒叶花月如何进行养护？

如果能接受充足光照，筒叶花月的颜色会变得非常艳丽。日照太少则叶色变得浅绿，且长得松散，所以一定要放在阳光下养护。筒叶花月是中大型植株，每几年需要进行一次换盆，才可促进植株成长。介质一定要干燥后才浇水，施肥时可以施用缓效肥。

生活习性

温度 生长适温18～25℃，不耐寒，冬季温度不低于5℃。

环境 喜光。除盛夏高温期外都要接受充足光照。

施肥 较喜肥，生长旺盛期每月施一次肥。

配土 腐叶土、草炭土等pH值为酸性的培养土皆可。

生长期 春、秋季是筒叶花月的主要生长期。

繁殖 筒叶花月的繁殖方式以叶插和枝插为主。

养护日历

月	1	2	3	4	5	6	7	8	9	10	11	12
光照			☼				放在阳光散射的地方 ◐				☼	
浇水		💧		充分浇水			💧			充分浇水		💧
盆土		干		湿			干			湿		干

花月锦 *Crassula portulacea*

景天科青锁龙属

产地： 原产于非洲

养护难度： ★★★☆☆

花月锦的样子，随着种类的不同，也有不同的差异。“落日之雁”“黄金花月”“新花月锦”，或色彩斑斓，或金黄灿烂。每看到它，总给人以一种视觉上的享受。烟花三月时节，光照充足，这个时节对于花月锦来说，正是最美好的年华。

景天科 Crassulaceae

生活习性

温度 生长适温15～18℃，越冬温度不得低于5℃。

环境 喜光照，盛夏高温时注意通风，避免闷热。

施肥 较喜肥，生长期每周施腐熟的稀薄液肥或复合肥一次。

配土 可选用疏松透气的腐叶土、园土、沙土按2:1:3的比例混合配制。

生长期 4~11月为花月锦的主要生长期。

繁殖 花月锦的繁殖在生长季节进行扦插，枝插叶插可。

养护贴士

Maintenance tips

介壳虫、红蜘蛛、白蜘蛛、根线虫是花月锦常发生的虫害。可用内吸性的克百威等生物碱类杀虫剂灭杀介壳虫，红蜘蛛、白蜘蛛可用克螨净、克螨多等杀螨类药物，根线虫可用克百威颗粒杀灭。

养护日历

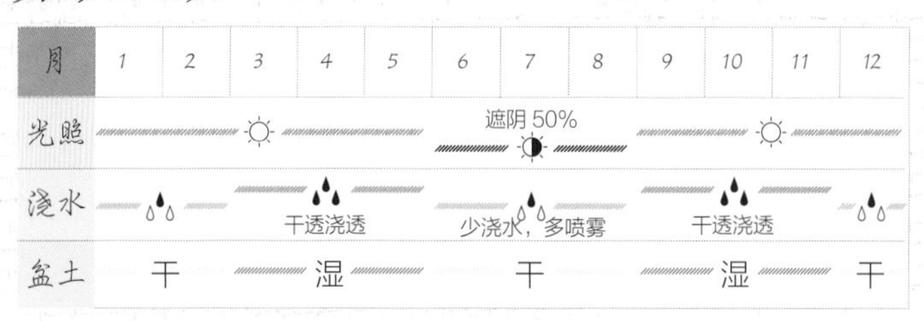

月	1	2	3	4	5	6	7	8	9	10	11	12
光照			☼				遮阴50%			☼		
浇水		💧		干透浇透			少浇水，多喷雾			干透浇透		💧
盆土		干		湿			干			湿		干

花月锦如何进行配土换盆？

花月锦宜每1~2年换盆依次在春季或秋季进行。盆土可选用疏松透气的腐叶土、园土、沙土按2:1:3的比例混合配制，也可用草炭土代替。

女雏 *Echeveria cv. Mebina*

景天科石莲花属

产地：原产于美洲

养护难度：★★★☆☆

女雏的样子，就像是一个娇小、楚楚动人的小女孩。整株植物的外形气质，像一朵纯洁绿色的莲花，叶子的边缘泛着淡淡的红色，与碧绿的叶片相间，像是穿着红色裙子的小姑娘。吊钟一样的黄色小花点缀在小小的植株上，惹人喜爱。

生活习性

温度 生长适温为16～20℃，冬季温度不低于5℃。

环境 喜光照，也耐半阴，夏季注意适当遮阴。

施肥 较喜肥，生长期每个月施肥一次。

配土 一般选择泥炭、蛭石、珍珠岩各一份并添加少量草木灰和骨粉。

生长期 女雏的生长期一般为春季和秋季。

繁殖 可选择扦插或叶插进行繁殖。

养护日历

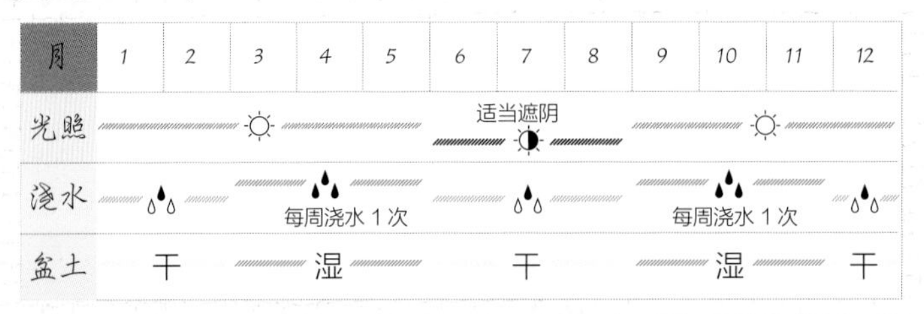

月	1	2	3	4	5	6	7	8	9	10	11	12
光照			☼				适当遮阴			☼		
浇水		💧		每周浇水 1 次			💧			每周浇水 1 次		💧
盆土		干		湿			干			湿		干

养护贴士 Maintenance tips

女雏的繁殖可选择扦插或叶插，叶插成功率高。繁殖成功的植株生长速度都很快，要比一般的石莲花属植物更好养护繁殖。因为植株颜色艳丽、株型小巧可爱，所以既可以单独栽植，也可以进行组合盆栽。

女雏夏季有哪些养护要点？

女雏喜光照不耐阴，属于比较好养的多肉植株。它在夏季时进入休眠期，但休眠状态下的植株变化并不明显，同时盛夏时还是要注意通风控水。

清盛锦 *Aeonium decorum f·variegata*

景天科莲花掌属

产地：原产于摩洛哥

养护难度：★★★☆☆

清盛锦，一个华丽而又富有诗意的名字。静静地看着这株美丽的清盛锦，看着它像太阳一样灿烂的样子，感受它的艳丽和光芒，总给人以别样之感。绿色的叶子中间泛着淡淡的杏黄色，叶子边缘的颜色却是多种多样，有红色、褐色，还有粉红色。绚丽的颜色让它变得更加妩媚动人。

景天科 Crassulaceae

养护贴士 Maintenance tips

闷热、潮湿的环境都会让清盛锦出现腐烂，所以在养护过程中一定要给予其干燥的环境，同时夏季高温要避免过于闷热。在冬季来临时，如果室温能在12℃以上，则可以继续浇水，如果达不到这个温度，则要保持盆土干燥。

清盛锦的颜色如何根据环境发生变化？

清盛锦原本为常绿色植株，比较喜欢光照。颜色根据光照的不同会发生巨大变化。光照不充足时，花色为绿色，光照时间过长及温差较大时整株会转变为红色或橘红色。

生活习性

温度 生长适温15～25℃，冬季室温不宜低于5℃。

环境 喜光照，光照时间长或温差大时，颜色会有差异。

施肥 生长期每半个月左右施一次腐熟的稀薄液肥。

配土 清盛锦配土宜用泥炭土、蛭石、珍珠岩各一份混合。

生长期 春、秋季是清盛锦的主要生长期。

繁殖 清盛锦的主要方式是扦插或叶插。

养护日历

月	1	2	3	4	5	6	7	8	9	10	11	12
光照	☼					放在阳光散射的地方			☼			
浇水	少		充分浇水			少			充分浇水			少
盆土	干		湿			干			湿			干

黄丽 *Sedum adolphii*

景天科景天属

产地： 原产于墨西哥

养护难度： ★★★☆☆

黄丽这个名字听起来，就像一个久别重逢的朋友。肉肉的花叶背面突出而正面凹陷，看起来就像是一枚小小的月牙。如果你给它充足的光照，你会惊喜地发现叶子的边缘会变得泛红。配合上黄绿色或者金红色的叶子，令使人的心情顿时愉悦。

生活习性

温度 生长适温为15～18℃，夏季温度高于30℃、冬季温度低于5℃，黄丽会缓缓进入休眠。

环境 喜光，夏季避免强光直射。

施肥 生长期每3周施一次稀释的仙人掌液体肥。

配土 可选择泥炭土、培养土和粗砂的混合土来栽培。

生长期 春、秋两季为黄丽的主要生长期。

繁殖 主要选择植株的叶子或侧芽进行扦插。

养护日历

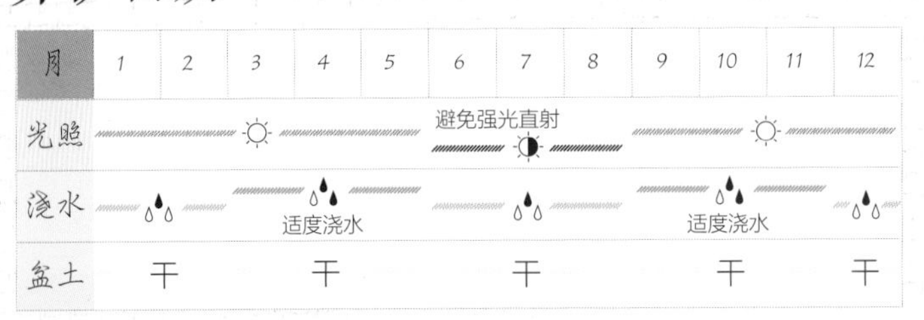

月	1	2	3	4	5	6	7	8	9	10	11	12
光照			☼				避免强光直射 ◐			☼		
浇水		💧		💧 适度浇水			💧			💧 适度浇水		💧
盆土		干		干			干			干		干

养护贴士

Maintenance tips

在充足的阳光日照后，黄丽的边缘会变成红色。在光线不足的时，黄丽也能生长，但其叶色暗淡，而且很容易发生徒长，失去欣赏价值。植株的叶片忌喷水，如不小心有遗留水珠在叶面上，应及时用纸巾吸干。

黄丽如何进行扦插繁殖？

黄丽主要靠叶片扦插和砍头两种方式繁殖。叶片扦插直接将健康的叶片掰下放在土壤中就可以了；砍头后的植株能从残存茎根上长出的新芽来延续后代，且非常容易长侧芽，存活率比较高。

钱串 *Crassuia perforata*

景天科青锁龙

产地：原产于南非

养护难度：★★★☆☆

钱串儿的样子，极像古时串在一起的钱币。褐绿色的叶子在木质的根茎上相对生长，泛红的叶缘配合着叶子上的透明斑点，给人一种轻快的感觉。卵圆形的叶子像铜钱一样串在一起，让这株植物充满魅力与观赏性，也让这株小小的钱串深受人们的喜爱。

养护贴士 *Maintenance tips*

成年钱串要适当修建，减去过乱的纸条，保持株型美观。当满盆时，要进行换盆，宜在春季或秋季进行，花盆要根据植株的大小进行选择。盆土宜选用腐叶土、园土、粗砂或蛭石混合配制。

钱串的生长习性是怎么样的？
钱串喜欢充足的阳光和干燥的养护环境。作为多肉植物中的“冬型种”，具有凉爽季节生长、夏季进行休眠的习性。如果植株的光照足够充足，株型会变得矮壮，茎节之间排列更加紧凑。

生活习性

温度 适宜生长温度为15～18℃，冬季需要保证光照。

环境 喜光照，夏季要避免阳光暴晒。

施肥 较喜肥，生长期每月施肥1次，夏季高温时，停止施肥。

配土 宜选用腐叶土、园土、粗砂或蛭石混合配制。

生长期 每年的9月至第二年的4、5月为植株生长期。

繁殖 可在9月至翌年5月的生长季节进行扦插，多用茎插或叶插。

养护日历

月	1	2	3	4	5	6	7	8	9	10	11	12
光照			☼				放在阳光散射的地方 ◑			☼		
浇水		💧		干透浇透			💧			干透浇透		💧
盆土		干		湿			干			湿		干

熊童子 *Cotyledon tomentosa*

景天科银波锦属

产地： 原产于南非

养护难度： ★★★☆☆

熊童子的样子活脱脱就是一只小熊的小熊掌，肉肉的熊掌上长着密密的白毛。而叶子顶端部分的红色叶缘，更像是小熊掌上红红的小爪子。看着熊童子密密的枝芽上相互而生的小熊掌，顿时觉得它可爱到无以复加。

景天科 Crassulaceae

养护贴士 Maintenance tips

当熊童子长时间处于阴暗环境中时，其茎叶会徒长，绒毛失去光泽；当浇水控制不当时，叶片会皱缩，甚至脱落；以上两种情况在养护的过程中要及时避免。熊童子要每1~2年换盆1次，宜在春季进行。盆土选用粗砂、园土、腐叶土各一份混合配制。

熊童子夏季如何进行养护？

熊童子没有夏季休眠的习性，即使最高温度超过30℃，仍然生长旺盛。夏季早晚都应该进行一次浇水。当夏季温度超过35℃时，应减少浇水，防止高温下因盆土过度潮湿引起根部腐烂。同时应适当遮阴以防止叶片被高温灼伤。

生活习性

温度 19~24℃为比较适宜的温度环境，5℃以上可安全越冬。

环境 喜光照，也耐半阴。

施肥 较喜肥，生长期间每月施一次腐熟的稀薄液肥或复合肥。

配土 盆土宜选用粗砂、园土、腐叶土各一份配制。

生长期 春、夏、秋三季为熊童子的主要生长期。

繁殖 可在9月至翌年5月的生长季节进行扦插，多用茎插或叶插。

养护日历

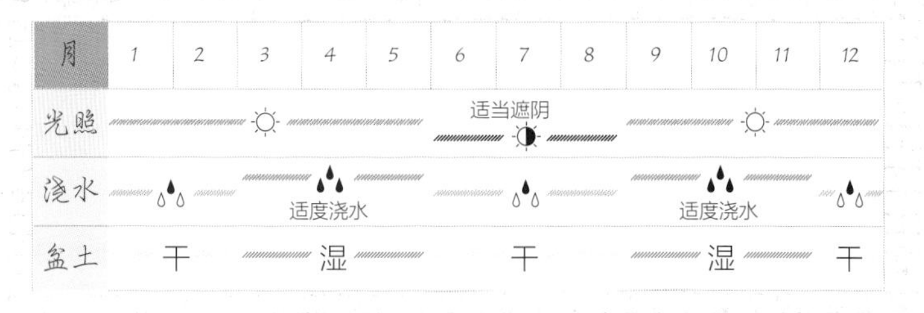

月	1	2	3	4	5	6	7	8	9	10	11	12
光照			☼				适当遮阴			☼		
浇水				适度浇水						适度浇水		
盆土		干		湿			干			湿		干

福娘 *Cotyledon orbiculata var.dinteri*

景天科银波锦属

产地：原产于非洲

养护难度：★★★☆☆

福娘这个名字，听起来就像一个认识许多年的慈祥憨厚的阿姨，给人一种亲切感。而眼前这株福娘，长得十分朴素厚实。深褐色的茎节上面，碧绿的叶子狭长得像一根粗粗的棒子。每当花期到来，红黄色的小花开出的时候，福娘纯朴的气息上也能透露出一点淡淡的妩媚。

生活习性

温度 生长适温为15～25℃，冬季温度不低于5℃。

环境 较喜光照，在光照充足、通风的环境中生长得最好。

施肥 较喜肥，生长期每个月施肥一次。

配土 一般可用泥炭、蛭石和珍珠岩的混合土进行培养。

生长期 春、秋两季是福娘的主要生长季节。

繁殖 福娘一般使用扦插繁殖。但是不适宜进行叶插。

养护日历

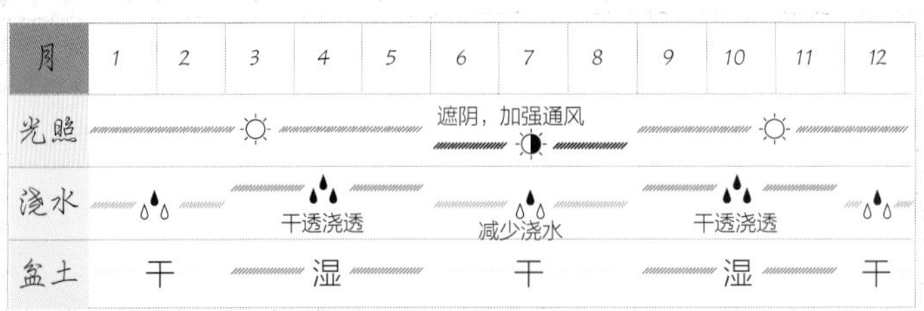

月	1	2	3	4	5	6	7	8	9	10	11	12
光照			☼				遮阴，加强通风			☼		
浇水				干透浇透			减少浇水			干透浇透		
盆土	干			湿			干			湿		干

养护贴士 Maintenance tips

福娘的繁殖方法一般用扦插法，但不宜用叶插，适合用枝插，在福娘生长期，取健康无病害的茎，留有1~2片肥厚的叶片，将插穗插入沙床，浇足水并放置在阴凉处养护即可，约1个月即可生根。

福娘如何进行养护？

在福娘的生长期内浇水要做到干透浇透，夏季在休眠时期时要注意进行通风降温、节制浇水，盛夏时尤其不能浇水，冬季应保持盆土稍干燥。

黑王子 *Echeveia 'Black Prince'*

景天科石莲花属

产地：原产于南非

养护难度：★★★☆☆

小时候看童话故事，最喜欢里面的白马王子。殊不知还有这样的一种植物，叫做黑王子。莲座状的植株叶色紫黑，卵圆形的叶子像一把小伞一样聚集在植株的顶端。当夏天来临，紫色或者红色的花朵盛开的时候，配合着紫黑色的叶片，更显出一种王子般的帅气。

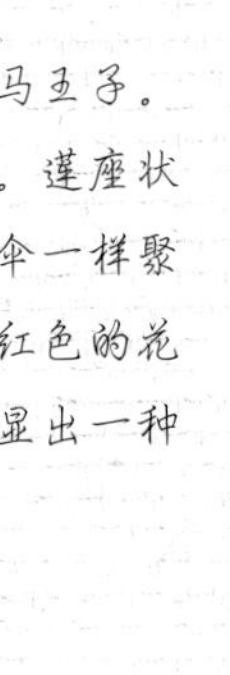

景天科 Crassulaceae

养护贴士 Maintenance tips

成年植株黑王子要每1~2年换盆一次，选择在春秋季进行最佳。盆土适合选择排水性良好、肥沃的土壤，常用粗砂或蛭石、腐叶土、园土按2:1:1比例混合配制，可适当掺入草木灰或骨粉作基肥，能使黑王子长势良好。

黑王子如何进行修剪？

在修剪时应将其干枯的老叶修剪掉，防止营养流失和细菌滋生，也可通过修剪顶部枝叶进行塑形。剪下的顶端部分可在晾干伤口后插入沙质微潮的盆土中生根，成为新的植株。底部的茎干和枝叶可萌发出更多侧芽。

生活习性

温度 适宜生长温度为16~19℃，能耐3~5℃的低温。

环境 喜光照，要给予充足光照，夏季高温会短暂休眠。

施肥 较喜肥，生长期间每月施一次腐熟的稀薄液肥或复合肥。

配土 粗砂或蛭石、腐叶土、园土按2:1:1比例混合。

生长期 春季至秋季是黑王子的生长期。

繁殖 繁殖可切顶催生蘖芽，叶插繁殖等多种方法。

养护日历

月	1	2	3	4	5	6	7	8	9	10	11	12
光照			☼				放在阳光散射的地方 ◑				☼	
浇水		10℃以下减少浇水		💧			💧			💧		💧
盆土		干		湿			干			湿		干

月兔耳 *Kalanchoe tomentosa*

景天科伽蓝菜属

产地： 原产于墨西哥

养护难度： ★★★☆☆

看到月兔耳才知道，用这个名字真是再适合不过了。大大肥肥的灰绿色叶片，活脱脱就是月兔的两只长耳朵。而叶片上的密密绒毛，更是让兔耳朵的形象活灵活现。对生的叶子伫立在土中，让人很有想去轻轻抚摸的冲动。

生活习性

温度 生长适温16～19℃，夏季高温时，进入休眠期，越冬温度不得低于10℃。

环境 喜阳光充足环境，夏季高温要适当遮阴。

施肥 较喜肥，生长期每月1次，休眠期停止施肥。

配土 选用煤渣、泥炭土、珍珠岩按6:3:1的比例混合配制。

生长期 植株主要在阴凉季节生长。

繁殖 主要用扦插繁殖，枝插和叶插皆可。

养护日历

月	1	2	3	4	5	6	7	8	9	10	11	12
光照			☼				适当遮阴				☼	
浇水		冬季几乎断水										
盆土		干		湿			干			湿		干

养护贴士

Maintenance tips

月兔耳在生长环境适合的情况下，生长速度很快，大概1~2年就要换盆一次，从而保证植株有较大的空间存活。换盆宜在春季进行，适合采用的盆土也需要进行选择，而用煤渣、泥炭土、珍珠岩按6:3:1的比例混合配制出来的土壤比较适合月兔耳。

月兔耳和黑兔耳的区别有哪些？

月兔耳叶子偏灰绿，黑兔耳叶子偏黑，都有黑边，只是月兔耳的叶片边缘不是很容易发黑，而黑兔耳的叶片边缘容易发黑。月兔耳长大了叶片会越来越宽，比黑兔耳宽一些。

茜之塔 *Crassula corymbulosa*

景天科青锁龙属

产地：原产于非洲

养护难度：★★★☆☆

茜之塔的样子，就像是富贵人家小姐所佩戴的精致胸花。它的叶子形状就像一颗四角星，从小到大依次排列。如果光照充足的话，绿绿的叶子会变成迷人的红褐色。配合着叶子白色的银边，显得奇妙梦幻。而从低到高、从大到小的样子，就像一个玲珑的小塔，让人想托在手上。

生活习性

温度 生长适温15～18℃，越冬温度不得低于5℃。

环境 全日照，冬季要放在室内阳光充足的地方养护。

施肥 较喜肥，每半个月施一次腐熟的稀薄液肥。

配土 可用园土、粗沙或蛭石各2份，腐叶土1份混匀后配制，再加入少量骨粉。

生长期 主要生长期在春天、初夏及秋天。

繁殖 可结合春季换盆进行分株繁殖。

养护日历

月	1	2	3	4	5	6	7	8	9	10	11	12
光照	给予充足的光照		☼				◐			☼		
浇水	💧			充分浇水			💧			充分浇水		💧
盆土	干			湿			干			湿		干

养护贴士 Maintenance tips

茜之塔的主要生长期在春天、初夏及秋天，生长期要给予充足的光照，如果光照不足，会影响植物的株型和色泽。同时还要保证在养护过程中盆土湿润而不积水，每半个月施一次复合肥。但施用量不宜过多，以免茎叶徒长，节间距离伸长，影响其观赏性。

茜之塔冬季如何进行养护？

冬季比较适合放在室内阳光充足处，只要温度在10℃以上，植株就能继续生长。冬季养护过程中，需要适当浇些水，如果保持盆土干燥，会使植株休眠。

景天科 Crassulaceae

花月夜 *Echeveria pulidonis*

景天科石莲花属

产地：原产于南非

养护难度：★★★☆☆

春江花朝秋月夜，花月夜是个多么唯美而诗意的名字。如同翡翠一般清丽剔透的植株如同一朵盛开的睡莲，静静地沉睡着，让人无法移开自己的目光。如果昼夜温差大或者光照过于强烈，叶色会变深且叶缘会泛出紫红。而叶子的表面的白粉，则使叶子的触感变得光滑而细腻。

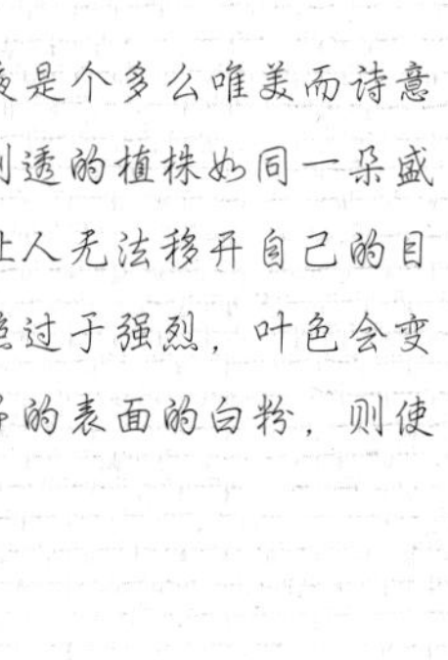

养护贴士 Maintenance tips

花月夜适合用叶插、枝插的方式繁殖。叶插首先取饱满的叶子，放在阴凉处2天左右，然后放置在土上，土不要太湿，有点湿度即可，花月夜会慢慢生根发芽。枝插首先剪下一段枝条，把伤口晾干，然后插入土中即可，进行养护，等一段时间后，它会慢慢生长。

花月夜有什么观赏价值？

花月夜花朵呈铃铛状，花型宛如莲花，可放置在家中各个角落供人欣赏。在春季开花时，小黄色的花朵更是能增加家居美感，给人一种生机勃勃的感受。

生活习性

温度 生长适温为18~25℃，冬季温度不低于5℃。

环境 喜阳光充足的环境，也耐半阴。夏季适当庇阴。

施肥 较喜肥，生长期每月施肥一次。

配土 配土可选择泥炭、蛭石、煤渣、珍珠岩以3:1:2:1的比例混合。

生长期 春季至秋季是花月夜的生长期。

繁殖 扦插与叶插皆可。

养护日历

月	1	2	3	4	5	6	7	8	9	10	11	12
光照			☼			适当遮光，避免暴晒	◑			☼		
浇水		💧 5℃以下断水		💧			💧			💧		💧
盆土		干		湿			干			湿		干

吉娃莲 *Echeveria chihua*

景天科石莲花属

产地：原产于墨西哥

养护难度：★★★☆☆

吉娃莲有着小狗吉娃娃一般可爱的名字，而眼前这株吉娃莲形态，却更像一只美丽的孔雀。炫目的色彩和美丽的形态让人爱不释手。肥厚的绿色叶片的顶端那一抹抹动人的嫣红，沁人心脾。让人久久不能平静。

生活习性

温度 生长适温16～19℃，越冬温度不得低于5℃。

环境 夏季温度高于30℃时，要放置在通风明亮无直射光处，夏季结束后，要逐渐增加光照。

施肥 较喜肥，生长期每月1次，休眠期尽量不要施肥。

配土 配土要多透气疏水，用泥炭土加珍珠加锆石进行配土。

生长期 主要生长期在春天、秋天以及初冬。

繁殖 以叶插和扦插为主，叶插是比较普遍的繁殖方式。

养护日历

月	1	2	3	4	5	6	7	8	9	10	11	12
光照			☼			放在阳光散射的地方				☼		
浇水				干透浇透						干透浇透		
盆土	干			湿			干			湿		干

养护贴士 Maintenance tips

春秋季节是吉娃莲的生长期，可以在此期间浇足水。夏季则需要注意控水，浇水量以少为佳，只要盆土稍湿润即可，浇水时不要让叶片有积水，如不小心在叶片上残留水滴，可以用干净的纸巾擦去。

吉娃莲如何度过冬夏季节？

吉娃莲度夏困难，因此夏季温度上30℃的时候，注意避免阳光直射，加强通风，减少甚至停止浇水。冬季温度低于5℃，应控制浇水或断水，低温时应将其移居室内向阳处。

大和锦 *Echeveria pur-pusorum*

景天科石莲花属

产地：原产于墨西哥

养护难度：★★★☆☆

大和锦的样子看上去给人一种规律而稳重的韵律感。灰绿色的倒卵形叶片整齐地生长在根茎上面，紧密的叶片像莲座一般聚合在一起，感觉完全找不出一丝瑕疵。而叶子边缘的红色叶面，更在植物的严肃外表上，添加出一种不一样的色彩，点缀出一种不一样的感觉。

养护贴士 Maintenance tips

养护过程中充足的阳光更能体现出大和锦的色泽和形状，特别是大和锦的生长季节，接受充足的光照后能变得更加强壮。夏季高温天气，大和锦应停止施肥，并放置在通风良好、无直射阳光处养护。

大和锦如何进行叶插？
选取大和锦上健康的叶片，晾晒一天左右之后，平放或斜插于粗砂或蛭石中，伤口要接触到土壤，确保土壤的湿润。放在半阴通风处，15~20天后伤口处会长出小芽。当植株长到一定程度后栽入小盆中，即成为新株。

生活习性

温度 生长适温为18~25℃，冬季能耐5℃低温。

环境 喜明亮光照，也耐半阴。

施肥 较喜肥，生长期每月施肥1次。

配土 配土可选择泥炭土和颗粒土以1:1的比例进行配土。

生长期 大和锦主要在春、秋等气温适宜的季节生长。

繁殖 一般使用枝插或叶插进行繁殖。

养护日历

月	1	2	3	4	5	6	7	8	9	10	11	12
光照			☼				放在阳光散射的地方 ◐			☼		
浇水	💧			💧 适度浇水			💧			💧 适度浇水		💧
盆土	干			干			干			干		干

特玉莲

Echeveria.runyonii cv 'Topsy Turvy

景天科石莲花属

产地：原产于墨西哥

养护难度：★★★☆☆

眼前的这株特玉莲形态相对于一般的多肉植物，实在是有点太奇怪了。扭曲的叶子，扭曲的花朵，不规则的株型，一切的一切，都彰显出它的与众不同。叶子上一层白色的粉霜，使叶片看起来像一只白色的小船。而小船的边缘，点缀着淡淡的粉色，也给这株奇怪的植物增添了一丝温柔。

景天科 Crassulaceae

生活习性

温度 生长适温16～19℃，越冬温度不得低于5℃。

环境 喜光照，也耐半阴环境，夏季高温时，要注意遮阴保护。

施肥 较喜肥，生长期每月1次。

配土 可选取泥炭土、蛭石、珍珠岩按1:1:1比例混合配制，掺入适量骨粉更佳。

生长期 春、秋两季气候适宜，是主要的生长期。

繁殖 繁殖方式包括扦插、分株，扦插分叶插和插穗。

养护日历

月	1	2	3	4	5	6	7	8	9	10	11	12
光照			☀				放在阳光散射的地方 ◐				☀	
浇水		💧		10天左右浇水1次 💧			💧			10天左右浇水1次 💧		💧
盆土		干		干			干			干		干

养护贴士

Maintenance tips

冬夏两季气温过高或过低时特玉莲会停止生长，这个阶段可以暂时减少或停止浇水。当气温适宜时需要恢复正常的浇水频率。夏季高温时注意通风，并给植株喷雾降温。

特玉莲如何配土？

土壤对于特玉莲是非常重要的，只有适合的土壤才能让特玉莲茁壮成长。特玉莲盆土适合用泥炭土、蛭石、珍珠岩按1:1:1比例混合配制，可适当掺入骨粉。

江户紫 *Echeveria pur-pusorum*

景天科伽蓝菜属

产地： 原产于非洲

养护难度： ★★★☆☆

江户紫的样子，像极了一朵被层层剥开的花萼。强光照射下的江户紫，叶片泛着紫色细碎的斑斓。卵圆形的狭长肉质叶片边缘有着圆钝的小锯齿，相对而生的花叶，簇拥着最上部的喇叭状粉红色花叶。让整株江户紫有着一种不规则，但却独有的气质和美感，让人不禁驻足欣赏。

养护贴士 Maintenance tips

如果养护过程光照不足，会造成茎叶徒长，株形松散，叶色变得暗淡无光泽，连叶片上的白粉都会消失，严重影响观赏。除夏季高温时要适当遮光外，其他季节都要给予充足的光照，才能使紫褐色斑点清晰显著，叶片长势好，观赏性强。

江户紫如何换盆？
如果家中养护的江户紫属于幼株的话，一般1年都要换盆一次，如是2~3的老株的话，一般2~3年换盆一次即可。换盆时将植株从旧盆中取出，修剪掉老根、病根后即可换上新的花盆，换盆宜在春季进行。

生活习性

温度 生长适温为18~23℃，越冬温度不得低于10℃。

环境 喜温暖干燥且阳光充足的环境。

施肥 较喜肥，每月施一次腐熟的稀薄液肥。

配土 可用腐叶土2份、园土1份、粗砂或蛭石2份再加少量腐熟的骨粉混匀后使用。

生长期 江户紫主要在春、秋等气温适宜的季节生长。

繁殖 江户紫主要通过扦插进行繁殖。

养护日历

月	1	2	3	4	5	6	7	8	9	10	11	12
光照			☼			适当遮阴	◐			☼		
浇水		15℃以上正常浇水		充分浇水			💧			充分浇水		💧
盆土		干		湿			干			湿		干

宽叶不死鸟

The broad leaf PhoenixTurvy'

景天科伽蓝菜属

产地：原产于非洲

养护难度：★★★☆☆

眼前这株宽叶不死鸟，叶子真的很宽。据说它之所以名为不死鸟，是因为它的生命力超强，很难枯萎。披针形状的叶片边缘有着规律的锯齿，还生长着一些造型奇异的不定芽。叶片上的红褐色小斑点也是宽叶不死鸟的一个小小的特色。而顶部的腋芽，则像一只小小的鸟儿，等待脱离植株，展翅翱翔。

生活习性

温度 生长适温16～19℃，越冬温度不得低于10℃。

环境 喜温暖湿润、阳光充足的环境，也耐半阴。

施肥 较喜肥，生长期每月1次。

配土 一般用腐叶土和粗砂的混合土。

生长期 春、秋和初冬等凉爽世界是宽叶不死鸟的主要的生长期。

繁殖 常用扦插、不定芽和播种繁殖。

养护日历

月	1	2	3	4	5	6	7	8	9	10	11	12
光照			☼			遮阴 50%	◐			☼		
浇水		💧		充分浇水			💧			充分浇水		💧
盆土		干		湿			干			湿		干

养护贴士

Maintenance tips

因为宽叶不死鸟生长的习性，它几乎全年都在生长，而且极易群生。其繁殖的方法更是所有多肉植株中最简单的，主要将植株的叶缘不定芽掉落后即可自行生根成活。宽叶不死鸟的繁殖几乎不需要人为操作，只要植株下面有土壤即会有小生命成活。

宽叶不死鸟有哪些别名种类？

不死鸟又叫落地生根，还经常被大家称之为“蕾丝姑娘”，一个个小侧芽就像姑娘衣服上的蕾丝花边。不死鸟的种类不少：有宽叶、窄叶、棒叶、彩叶、羽衣等。

唐印 *Kalanchoe thyrsifolia*

景天科伽蓝菜属

产地：原产于南非开普省和德兰士瓦省

养护难度：★★★☆☆

唐印的样子，就像许多堆叠起来的色彩斑斓的贝壳。倒卵形的叶子相对生长，紧密地生长在一起。而淡绿色或粉红色的叶片，被浓厚的白粉包裹着，就像一张擦满了水粉的美丽脸庞。当阳光映照在叶片上的时候，接近透明，更是让人有梦幻感。红色的叶缘几乎覆满整片花叶，更是让人沉醉。

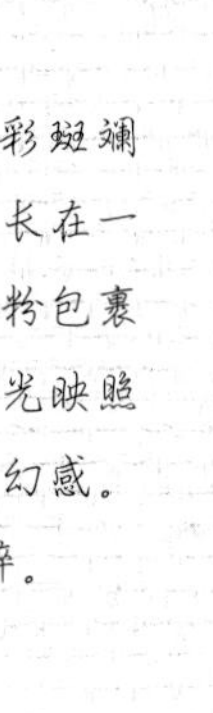

景天科 Crassulaceae

养护贴士 Maintenance tips

成年的唐印也需要每年换盆一次，而春季的温暖凉爽气候最适合唐印的换盆，盆土宜选用排水性、透气性良好的沙土。唐印在浇水或施肥时，忌将水或肥料浇到叶片上，以免将叶面上的白粉冲掉，以免植株的美观性。

生长旺期植株需要注意什么？
春、秋两季的生长旺盛期，要多见阳光，经常浇水，保持土壤湿润，每10天左右施一次腐熟的薄肥。浇水、施肥时，注意肥、水不要溅到叶片上，防止影响观赏。每年春季换盆一次，盆土宜用排水、透气性良好的沙壤土。

生活习性

温度 生长适温为18~25℃，能耐3~5℃的低温。

环境 夏季高温时，要放置在通风处养护，冬季给予充足光照。

施肥 较喜肥，每10天左右施一次腐熟的薄肥。

配土 用粗河砂、细河砂和有机培养土、珍珠石、蛭石的混合物来种植。

生长期 每年的9月至第二年的6月为植株的生长期。

繁殖 可进行芽插、叶插或插穗都可以进行繁殖。

养护日历

月	1	2	3	4	5	6	7	8	9	10	11	12
光照			☼			放在阳光散射的地方	◐				☼	
浇水		💧		经常浇水			💧			经常浇水		💧
盆土		干		湿			干			湿		干

玉吊钟

Kalanchoe fedtschenkoi 'Rosy Dawn'
景天科伽蓝菜属

产地： 原产于马达加斯加

养护难度： ★★☆☆☆

玉吊钟的样子，总让人觉得它属于观叶植物中的佼佼者。它整体的样子，就像一个玉质的翡翠一般的吊钟。在蓝绿色或者灰绿色的叶片上，乳白、粉红、橙黄色的斑块不规则地生长，杂乱无序的色块也让整株玉吊钟更显魅力。绚丽多姿，五彩斑斓的新叶，是在很难不被人喜欢的。

生活习性

温度 生长适温16～19℃，不耐严寒、不耐霜冻，越冬温度不得低于5℃。

环境 喜散光照射，夏季高温时，要置稀疏的阳光下养护。

施肥 较喜肥，生长期每月1次，冬季停止施肥。

配土 泥炭土、沙壤土以1:1混合配土。

生长期 春、秋两季为植株的生长旺季。

繁殖 主要用扦插繁殖，以5~6月最好。

养护日历

月	1	2	3	4	5	6	7	8	9	10	11	12
光照	☼					放在阳光散射的地方			☼			
浇水	干透浇透								干透浇透			
盆土	干		湿			干			湿			干

养护贴士 Maintenance tips

玉吊钟属于短日照植物，在冬季开花，日照时间如12小时，开花则推迟到早春。花败后，要进行换盆，换盆时，可对植株进行适当的修建，控制株高，促使其多分株，这样能使株型更具有观赏性。

玉吊钟有哪些养护要点？

玉吊钟较肉质，内部含水多，所以比较耐旱。但是在生长期的要多补充水分，促进其正常的生长开花。在种植时，需要给其施足量的基肥，提供其生长所需的基础养分。

景天科 Crassulaceae

卷绢 *Sempervivum arachnoideum*

景天科长生草属

产地：原产于欧洲及亚洲山区

养护难度：★★★☆☆

卷绢这个名字前面，再加上蜘蛛两个字，就更加适合眼前这株植物了。莲座状的整体株型小巧可爱，绿色的叶片前端带有红尖，而奇妙的是，叶子的顶端还密密麻麻地生长着白色的短短的丝毛，按着花叶的排列规则，相互缠绕，就像家里生长的蜘蛛网一样，让人不禁感慨。

景天科 Crassulaceae

养护贴士 Maintenance tips

卷绢喜欢充足的光照和凉爽的气候，忌湿热，在夏季高温气候下会进入休眠状态。夏季休眠期要适度遮阴，通风并控制浇水，否则植株极易腐烂。在阳光的照射下，叶片顶端会变红色。

卷绢养护中的注意点有哪些？

卷绢植株生长较缓慢，其生长奇特，在叶尖顶部密披白毛，形如蜘蛛网，具有很高的观赏价值。在家中栽培成活的话，可常年欣赏，适合放置在茶几、书桌、阳台等处。而它漂亮的形象也颇受养花爱好者的喜爱。

生活习性

温度 生长适温为13~18℃。冬季生长旺盛，夏季保持阴凉。

环境 可接受充分光照，无需遮阴。

施肥 冬季生长旺盛时，每月施肥1次，可用盆花专用肥。

配土 泥炭混合珍珠岩加煤渣进行配土，比例大概1:1:1。

生长期 冬季为生长旺季，春秋季节凉爽时也快速生长。

繁殖 一般用播种法或者分株法进行繁殖。

养护日历

月	1	2	3	4	5	6	7	8	9	10	11	12
光照	☼					放置于阴凉通风处				☼		
浇水	适度浇水，每月浇水 2~3 次											
盆土	干			干			干			干		干

千代田之松

Pachypodium compactum

景天科厚叶草属

产地： 原产于墨西哥

养护难度： ★★★☆☆

千代田之松的最大特点，就是它叶子上的水纹一般的纹路。肥厚的长圆形叶子里面，储蓄着充分的水分。叶面上覆盖着厚厚的白霜，偶尔还泛着紫色的红晕，像一个害羞的姑娘。而每到春季到来的时候，像小钟一样的红花盛开，霎时灿烂无边。

生活习性

温度 喜凉爽，生长适温为18~25℃。不耐寒，冬季温度不宜低于10℃。

环境 喜阳光充足的环境，几乎全年生长。夏季适当遮阴。

施肥 较喜肥，生长期每月1次。

配土 土壤用的是泥炭混合珍珠岩加了煤渣,大概比例1:1:1。

生长期 植株主要生长期是春或秋季。

繁殖 叶插与扦插均可，叶插容易群生，比较容易繁殖。

养护日历

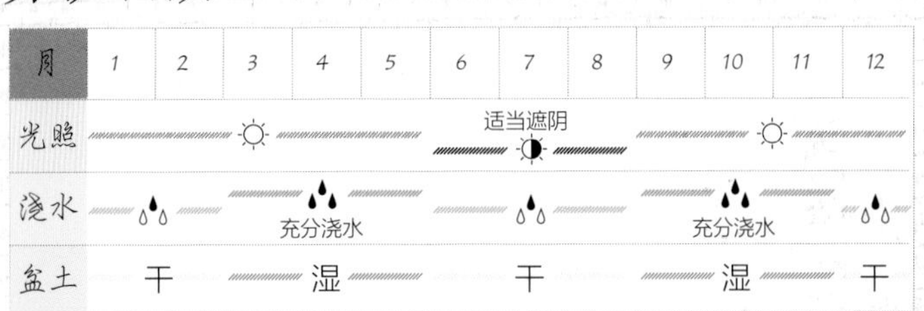

月	1	2	3	4	5	6	7	8	9	10	11	12
光照			☼				适当遮阴				☼	
浇水				充分浇水						充分浇水		
盆土		干		湿			干			湿		干

养护贴士

Maintenance tips

千代田之松生长缓慢，春秋两季生长期需要充分浇水，夏季减少浇水，冬季维持5℃以上。适合与迷你多肉植物组合栽培，很适合以点缀的方式加入其他多肉盆栽中。

千代田之松有什么价值？

千代田之松适合与迷你多肉植物组合栽种，单独盆栽观赏价值也很高。还可以和大型植株组合，点缀其中带来层次感，摆放于庭院、花架等处。

大花犀角

Stapelia gigantea

萝藦科章属

产地：原产于南非

养护难度：★★★☆☆

第一次见大花犀角的时候，能隐约闻到一股臭味，了解后才知道，那是花朵散发出的味道。花的样子就是一个大大的海星，淡黄色的花上面，还有淡黑紫色的横斑纹，也让大花犀角的样子显得更加奇特。大海星一般的样貌让人忍不住抚摸，可臭臭的味道却又让人望而却步。

生活习性

温度 生长适温12~22℃，越冬温度不得低于8℃。

环境 喜半阴环境，避免强阳光直射。

施肥 春秋季每月施1~2次稀薄饼肥，夏季停止施肥。

配土 可用泥炭土，珍珠岩，蛭石1:1:1，再加写绿叶宝之类的花肥。

生长期 春、秋季节是大花犀角的主要生长季节。

繁殖 采用分株、扦插或播种繁殖。

养护日历

月	1	2	3	4	5	6	7	8	9	10	11	12
光照	喜半阴环境，避免强光直射											
浇水				每月浇水 1 次						每月浇水 1 次		
盆土	干			湿			干			湿		干

养护贴士

Maintenance tips

在夏季大花犀角要避免阳光曝晒，否则叶质茎会变成红色，影响观赏。在冬季室温保持8℃以上，植株即可顺利越冬，在春秋生长期期间每隔3~5天浇1次水，防止茎干皱缩。天气干燥时可稍微喷些水，使盆土保持湿度。冬季保持盆土稍干。

大花犀角有哪些具体价值？

大花犀角株型奇特，如海星状，是室内观花、观叶的佳品，可用在装饰书房、客厅、茶几、书桌等，以供人观赏其挺拔的茎根，奇异的花姿。

萝藦科 Asclepiadaceae

球兰 *Hoya carnosa (L. f.) R. Br.*

萝藦科球兰属

产地： 原产于南非开普省

养护难度： ★★★☆☆

我看着这几株球兰静静地在依附在树头生长，也深深地被它们美丽的外表所吸引。在深绿色叶子的映衬之下，像小伞一般展开生长的花儿看起来更像是西方婚礼上新娘抛出去的绣球。五角星形的小白花虽小巧，却不失俏丽。中央点缀出一抹动人的嫣红，更是球兰魅力的点睛之笔。

萝摩科 Asclepiadaceae

生活习性

温度 生长适温20~25℃，冬季不低于1℃。

环境 喜半阴环境，忌烈日暴晒。

施肥 较喜肥，生长期每月施肥一次。

配土 用泥炭土、沙和蛭石配制成盆栽培养土。

生长期 每年的5～8月是球兰的主要生长期。

繁殖 球兰常用扦插和压条两种方法进行繁殖。

养护贴士

Maintenance tips

球兰喜肥沃、透气、排水良好的土壤，不喜欢黏重的土壤。球兰盆土宜经常保持湿润状态，但不可积水，水分过量会引起根系腐烂。

养护日历

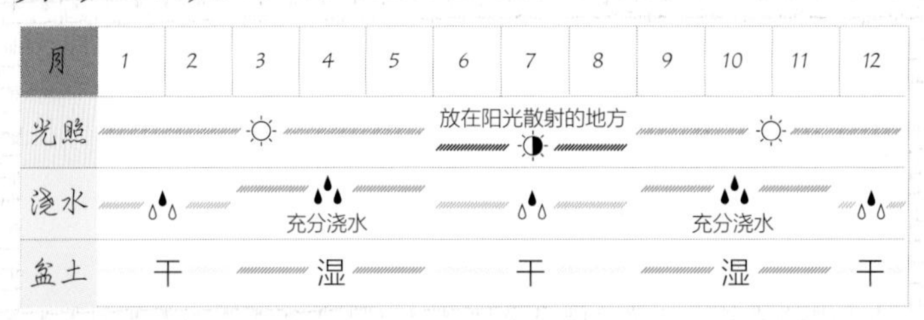

月	1	2	3	4	5	6	7	8	9	10	11	12
光照							放在阳光散射的地方					
浇水				充分浇水						充分浇水		
盆土		干		湿			干			湿		干

球兰的病虫害有哪些以及如何防治？

叶斑病和白粉病是球兰主要病害，可用多菌灵可湿性粉剂或代森锰锌可湿性粉剂喷洒。虫害有介壳虫危害，可用噻嗪酮可湿性粉剂喷杀。

爱之蔓 *Ceropegia woodii*

萝藦科吊灯花属

产地： 原产于南非

养护难度： ★★★★☆

爱之蔓的叶子，就像一个绿色的爱心。叶子的表面生长着灰色的网状花纹，让这株爱之蔓从里到外都透露出浪漫的气息。整株爱之蔓就像藤蔓一样，在地面匍匐或悬垂着。开花的时候，红褐色的小花在蔓延的枝蔓上生长，别有一番风味。

萝藦科 Asclepiadaceae

养护贴士 Maintenance tips

爱之蔓不喜欢肥料，如果选择混合基质的话，每年施1~2次肥即可。如果选择水苔的话，每个季度都需要施肥。爱之蔓性不喜欢高磷钾肥，因为高磷钾肥可能会导致叶片生长畸形，导致植株的观赏性降低。

爱之蔓如何进行繁殖？

爱之蔓的繁殖方法可以采取扦插法，扦插繁殖是最常用的方法。扦插时可以选择叶插或枝插，叶插直接将健康的叶片摘下放在优质的土壤中即可，枝插则直接剪下健康的枝条放在土壤中繁殖即可。

生活习性

温度 生长适温为13~18℃。冬季生长旺盛，夏季保持阴凉。

环境 可接受充分光照，无需遮阴。

施肥 冬季生长旺盛时，每月施肥1次，可用盆花专用肥。

配土 可用草炭土、珍珠岩、河沙按6:1:3的比例配制。

生长期 春、秋、冬季为爱之蔓的生长旺季。

繁殖 繁殖采取扦插、高压、零余子和播种繁殖。

养护日历

月	1	2	3	4	5	6	7	8	9	10	11	12
光照	☼					无需遮阴 ☼				☼		
浇水	💧			充分浇水			💧			充分浇水		💧
盆土	干			湿			干			湿		干

紫章 *Senecio crassissimus*

菊科千里光属

产地：原产于马达加斯加

养护难度：★★★☆☆

眼前这株紫章，大约有50～80厘米高。青绿色的叶子像一张扁扁的小船，叶子的下端，泛着一点微微的紫色，叶子的表面还有一些白色的粉霜。而到了花期，黄色或者朱红色的小花盛开在植株表面，让整株植物显得俏皮艳丽。

菊科 Asteraceae

生活习性

温度 生长适温18~30℃，冬季不低于5℃。

环境 喜半阴环境，忌烈日暴晒。

施肥 较喜肥，生长期每月施肥3~4次。

配土 可用腐叶土、园土、粗沙或蛭石各1份混合并加少量有机肥料。

生长期 春、秋、冬季都是紫章的生长期。

繁殖 繁殖可在生长季节剪取健壮充实的枝条进行扦插。

养护日历

月	1	2	3	4	5	6	7	8	9	10	11	12
光照	☼					避免烈日暴晒 ◐			☼			
浇水		💧		每周浇水1次			💧			每周浇水1次		💧
盆土		干		湿			干			湿		干

养护贴士 Maintenance tips

紫章是市场上很受欢迎的多肉植物之一，其枝叶挺拔，叶缘的紫色更是其他植物没有的，更显得独一无二，美丽而迷人，所以在养护的过程中保证充足的光照、良好的通风，这样的植株非常适合装饰家居，适合摆放在茶几、桌案等处。

紫章有哪些别名？

紫章属于菊科千里光属，又叫做紫蛮刀、紫金章、鱼尾冠、紫龙，主要分布于产马达加斯加岛的南部。紫章的枝叶挺拔，叶缘的紫色更是美丽迷人，常作为观叶植物进行家居装饰，深受人们的喜爱。

珍珠吊兰 *Pearl Chlorophytum*

菊科千里光属

产地：原产于非洲南部

养护难度：★★★☆☆

相比于珍珠吊兰这个名字，它的另外两个名字：绿之铃和翡翠珠，或许更招人喜爱。因为这两个名字将它圆润肥厚的圆心叶片似翡翠、似风铃一般在风中摇曳的状态形容得更加惟妙惟肖。珠子一般的叶子是珍珠吊兰的最大特点，当然，白色或者褐色的花朵也是珍珠吊兰不可忽略的美丽。

菊科 Asteraceae

养护贴士 Maintenance tips

暴晒会灼伤植株，而光线太弱又会影响生长，所以半阴的环境最适合珍珠吊兰的生长。在浇水时宁干勿湿，天气干燥时多想叶面喷水，忌高温高湿。珍珠吊兰主要的病虫害有蜗牛、蚜虫、吹绵蚧和煤烟病、茎腐病等。

珍珠吊兰夏季如何养护？

珍珠吊兰属于菊科千里光属，所以也继承了菊科的植物的一般特点，春秋季节生长期对水分需求量巨大，水分足够的情况下生长迅速。夏季环境高温潮湿，所以要依靠通风、遮阴、控水等措施来帮助珍珠吊兰降温消暑。

生活习性

温度 生长适温15~25℃，越冬温度保持在5℃以上。

环境 喜半阴，强散射光的环境下生长最佳。

施肥 较喜肥，生长期每月施一次肥。

配土 一般多以腐殖质土和菜园土作为基本材料，再配合其他物质配制而成。

生长期 春、秋都是珍珠吊兰的主要生长期。

繁殖 一般使用扦插法进行繁殖。

养护日历

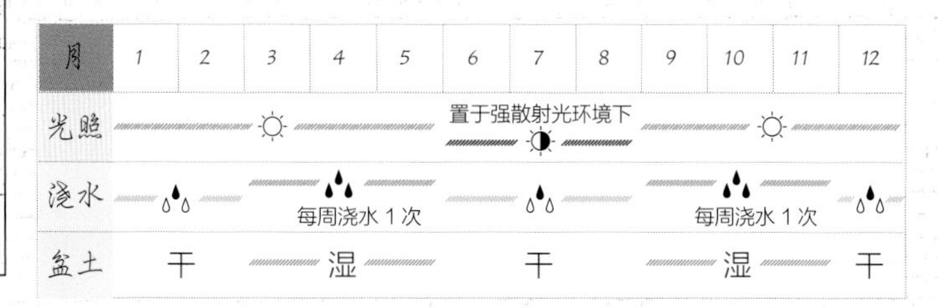

月	1	2	3	4	5	6	7	8	9	10	11	12
光照							置于强散射光环境下					
浇水				每周浇水1次						每周浇水1次		
盆土	干			湿			干			湿		干

多肉生活礼
Chapter
5
轻松“生产”出
更多的萌物

扦插

扦插是繁殖方法中最常见的，快来扦插吧

多肉植物的繁殖方法中，扦插法是很常见的一种，首先介绍枝插法，就是俗称的插条或者插扦法。方法简单实用，成功率很高。

前期准备工作

①选择健康的枝条
②备好干燥的土壤
③准备好花盆
④准备好使用的工具

注意事项

①使用2份泥炭土、1份颗粒石子和沙子混合物。或者按照1：1比例配制
②选择合适的花盆

▲ 健康的扦插母株

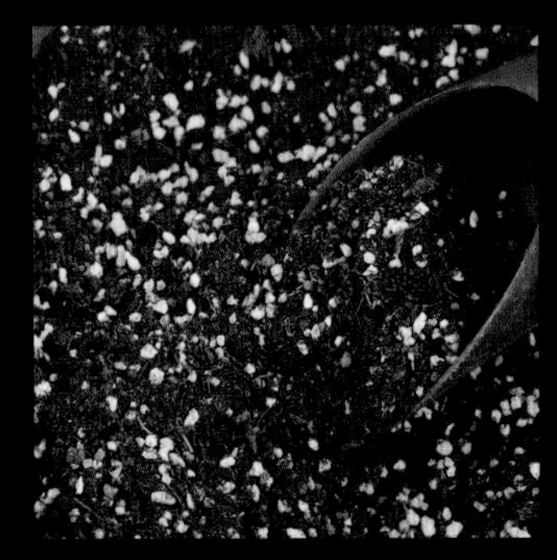

▲ 配好的营养土

▲ 合适的花盆

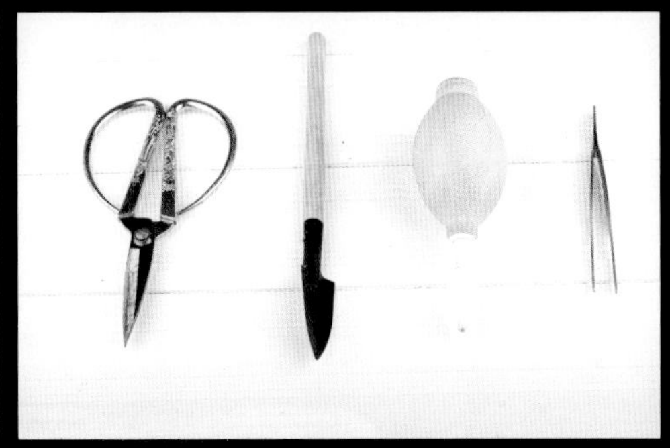

▲ 繁殖用到的工具

枝插法的步骤

第一步也是最重要的一步，就是选枝。从长势良好的植株上剪取健康的枝条。从叶片间距较大的枝干处剪下。

已经长出气根的枝干，不需要在土壤中重新申根，对扦插帮助很大，还可以提高成功率。多肉植物容易繁殖，很多品种都可以进行二次扦插繁殖。枝条上的叶片也可以剪取后进行繁殖。进行扦插的枝条要留有很长的枝条，需要插入土中。不要连同叶片一起插入土中，很容易造成叶片腐烂化水，并滋生出霉菌，对植物健康造成不利影响。

▲ 剪取健康的枝条

小贴士

在用枝插法长成健康的植株，也可以作为繁殖的母株，继续用来繁殖出新植物。这样就能源源不断地繁衍出新的多肉植物了。

▲ 剪下的枝条要留有很长的枝干

▲ 插入土壤中的枝干需要很长一段，不要带有叶片

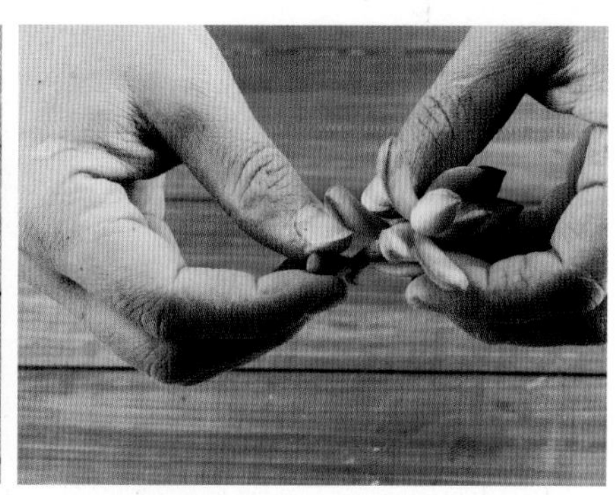

▲ 长势好的叶片也可以剪下进行繁殖

枝插法的步骤

▲ 剪下的枝条要进行日照晾干处理

刚剪取的枝条需要对伤口进行晾干和处理，伤口愈合之后再种入土壤中。受伤的枝条直接种入土壤中很容易造成细菌感染，导致伤口化脓；也可以利用紫外线杀菌，用太阳直接晒剪下的枝干，将剪下的部位晒干，可以促进伤口痊愈。要注意的是光照强度不能太强，避免晒伤、晒干植物。

不晒干的枝条直接栽种，尽管也会生长，但是腐烂率很高，后期成长的速度也比较慢。因此最好进行晾晒，最好的晾晒时间大约在3～5天。生命力强的多肉在晒干后直接生出根系，这时直接喷水栽植即可。

叶插法的步骤

多肉植物的另一种扦插繁殖方法是叶插，成功率也很高，方法也比较简单。

前期准备工作

①选择健康的叶片
②备好干燥的土壤
③准备好花盆
④准备好使用的工具

注意事项

①使用2份泥炭土、1份颗粒石子和沙子混合物
②选择合适的花盆，盆深最好深一些，大空间利于植物生长
③选择在春秋季节扦插，成功率更高

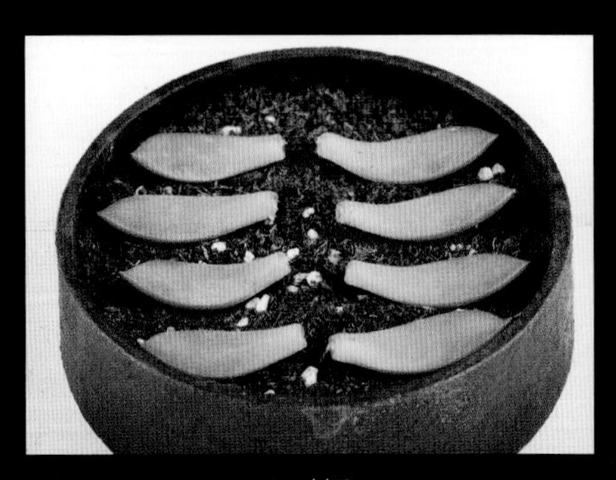

▲ 叶插

▲摘下健康的叶片　▲准备好营养土　▲准备好需要用的工具

叶插法注意事项

在健康、长势良好的植株上剪取叶片，剪取时动作要小心，避免损伤到植株。摘下叶片后用清水清洗、浸泡，防止叶片透明化，摘取时注意不可以使叶片根部受到污染。叶片的根部不干净，很可能会被真菌所感染，无法繁殖，叶片沾到泥土或者水分后，可以用纸巾擦拭。还要注意，叶片不要放在阳光下暴晒，因会受损害。

▲不可以进行暴晒

▲用纸巾擦拭叶片根部

▲透明化的叶片和被感染的叶片

受到感染的叶片和已经透明化的叶片不可以用来叶插，因其不仅无法成功，带有黑色感染部分的叶片还会相互传染，应将其立即扔掉。

▲平整的铺好土壤

准备土壤

将土壤平铺在花盆内，尽量使厚度略厚一些，这样可以使叶片生根后能从土壤中吸取更多的营养。

也可以将叶片置于空气中，在长出芽后移至土壤中。如果不及时移植，会导致叶片和长出的小芽枯死。

栽种后处理

将叶片插入土中，可以选择平方或者插入两种。成功率都比较高。平方时需要注意要将叶片正面朝上，背面朝下。叶片正面是出芽的地方，朝下后会影响小芽的生长。

栽种后不可以直接进行日照，因会加快水分蒸发，造成叶片死亡。可以放在弱光或散光下。不要浇水，只需要保持很好的通风环境即可，避免植物闷死或者发霉腐烂。

▲正面朝上的平放叶片

长出根系后的处理

将叶片插入土中，可以选择平方或者插入两种。成功率都比较高。平方时需要注意要将叶片正面朝上，背面朝下。叶片正面是出芽的地方，朝下后会影响小芽的生长。

栽种后不可以直接进行日照，会加快水分蒸发，造成叶片死亡。可以放在弱光或散光下。不要浇水，只需要保持很好的通风环境即可，避免植物闷死或者发霉腐烂。

栽种时可能会出现以下三种情况

▲先长出叶片，再生根

▲根系、嫩芽同时生长出来

▲ 先生根，后长出叶片

后期养护

嫩芽长大之后，会消耗完叶插叶片的营养，从而枯萎。在完全枯萎之前，都不可以将叶片摘除，要等到彻底干透，变得干巴巴时再摘除。

在其生长时，可以逐步的增加水量和日照。充分的水量和日照可以使其长势良好，不会变得脆弱而容易折断。只有用心后期养护，多肉才能繁衍后代。

出现失败的情况

叶插过程尽管成功率较高，但依然会出现叶片透明化后化水，叶片因为霉菌感染而导致的叶片黑化、发霉、干枯等状况，所以不是每个叶插下去的多肉都能落地生根的。在发生以上不成功的多肉植物叶插时，要及时的处理发霉、发黑的叶片，避免传染给其他的叶片。

▲ 扦插过程中部分叶片透明化

分株

分株是丛生的多肉植物繁殖的最有效方法

分株是多肉植物繁殖方法中最简单、最安全的，且成活率高的方法。呈莲座状活群生的多肉植物可以嫁接。它们的吸芽、走茎、块茎、鳞茎等可进行分株繁殖，在植株需要换盆时进行。

前期准备工作

①选择爆盆的多肉植物
②备好干燥的土壤
③准备好花盆
④准备好使用的工具

注意事项

使用2份泥炭土、1份颗粒石子和沙子混合物。或者按照1:1比例配制

▲ 植株

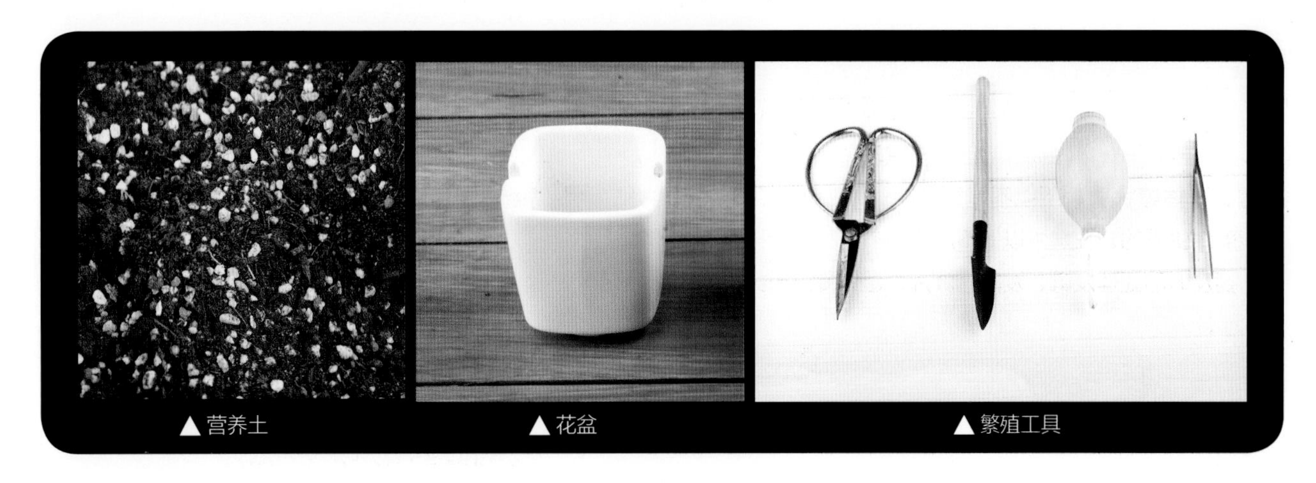
▲营养土　▲花盆　▲繁殖工具

分株法的步骤

第一步：已经爆棚的植株，将盆和植株分离，一手托住盆底，一手扶住植株，倾斜一个角度，慢慢将植株取出，要注意不要扯断根系。

第二步：取出后，整理植物根系，让盘结在一起的根系疏通。

第三步：疏通好根系后，如看到有病根，则用事先消过毒的剪刀剪去病根。

随后即可按照上盆的步骤将植株上盆。

▲将植物取出

▲疏通根系

▲剪去病根

▲分好的植株

▲倒入营养土

▲种上植株

▲铺面

后期养护

种好植株后，要用浇水器在植株周围浇一圈水，盆土稍湿润即可。浇好水后，将其摆放在通风透气、无阳光直射的地方养护，待1~2周后，逐渐见阳光。

多肉生活礼
Chapter
6
创意多肉植物DIY

>> 组盆示范 · Part 1 送给朋友的多肉植物

静静等你归来的 枯木逢春多肉组合

制作工具及材料

材料 枯木、水苔

工具 镊子、洗耳球

搭配植物介绍

植物搭配 丽娜莲、大和锦、青星美人、露娜莲、观音莲、红稚莲、白凤、白牡丹

▲ DIY 植物展示

制作步骤

① 准备好枯木和多肉植物。

② 向桶里的水苔中洒水。让干燥的水苔在清水中浸泡一段时间。

③ 泡好后，双手将水苔挤干，即可使用。

④用镊子将事先泡好的水苔放到枯木上。

⑤用镊子将多肉植物放到水苔里，用一小团水苔将多肉植物固定住。

⑥按步骤5将其他多肉植物依次种在水苔上。如担心多肉植物种上不够稳，事先可用细的钢丝将多肉植物根部和水苔捆绑在一起。

⑦用洗耳球将植株上的灰尘、杂质等吹走，保持美观。

⑧栽种好的多肉植物不宜移动，要放置一段时间，待多肉植物根系长好后再移动。

栽后小贴士

1. 夏季要控制浇水，停止施肥，在天气炎热时，要将植株放在走廊下或阳台内侧等无阳光直射的地方养护。
2. 浇水要掌握“不干不浇，浇则浇透”的原则，但要避免积水，导致烂根。
3. 春秋季天气凉爽时，要放在阳光充足的地方养护，不然植株容易徒长，影响观赏。

>> 组盆示范 · Part 2 送给小朋友的多肉植物

微风吹拂的 海螺盆多肉组合

制作工具及材料

材料 拉菲草、水苔、海螺、木盆

工具 镊子、洗耳球、浇水器、水桶

搭配植物介绍

植物搭配 大和锦、露娜莲、美丽莲、黛比

▲ DIY 植物展示

制作步骤

① 准备木盆和多肉植物。

② 在干燥的水苔中洒上清水。

③ 待水苔浸泡一段时间后，用手把水苔拧干，即可备用。

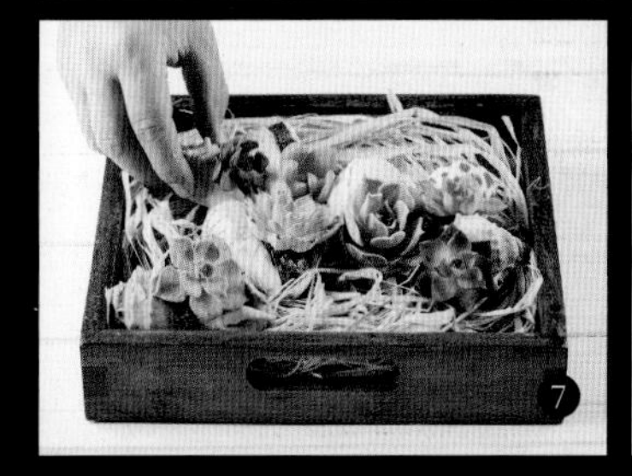

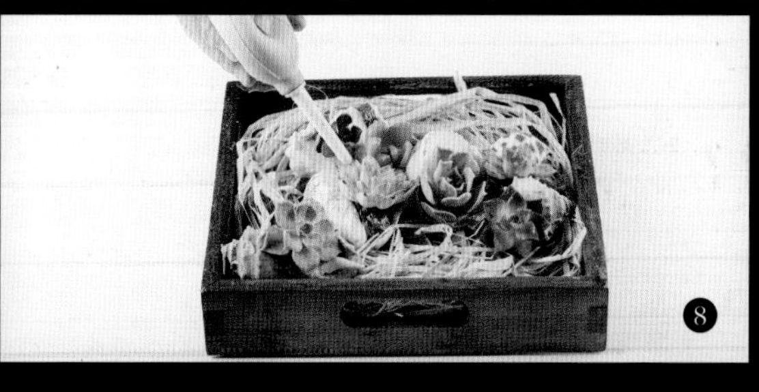

④将拉菲草按照一个方向，铺在木盆盆底部。

⑤按照步骤3弄好的水苔，用镊子夹取放到海螺里。

⑥放上水苔后，再用镊子将多肉植物放进水苔中，可双手操作，固定植物。

⑦按照步骤6，将其他的多肉植物分别栽植进海螺中，并摆放整齐。

⑧用橡胶洗耳球吹去植株上的灰尘，保持植株的美观。

栽后小贴士

1. 栽后要放到温暖、通风的环境中养护。
2. 浇水在夏季要保持盆土稍湿润，但不能积水，冬季控制浇水或断水。
3. 可以摆放在电脑、窗台、电视旁等处，以净化周围小范围的空气。

>> 组盆示范 · Part 3 送给爱人的多肉植物

焕发勃勃生机的
铁盆多肉组合

制作工具及材料

材料 铁块、石子、营养土、铁砂网

工具 镊子、洗耳球、浇水器、水桶、填土器

搭配植物介绍

植物搭配 生石花

▲ DIY 植物展示

制作步骤

① 在铁块底部垫上一个铁砂网。

② 用填土器铺上一层陶粒。

③ 将陶粒铺整齐后，再用填土器铺上营养土。

④用小铲子在土种挖好小坑后，用镊子夹取生石花放到洞中，将其固定住即可。

⑤按照步骤4，将其他的生石花种上，可简单地设计造型，让盆内的生石花形成一个凸形面。

⑥待种好多肉后，再用填土器在生石花周边铺上一层赤玉石。

⑦铺上赤玉石后，再用小铲子压实即可。

⑧用橡胶洗耳球吹去植株上的灰尘，保持植株的美观。

栽后小贴士

1. 生石花在夏季要适当遮阴，冬季要放到阳光充足的地方养护，否则很容易生长不良，导致萎缩。
2. 生石花生长适温在15~25℃，越冬温度不得低于12℃。
3. 可以摆放在窗台、阳台等处养护，似一件精致的工艺品，点缀家居。

>> 组盆示范 · Part 4 送给亲人的多肉植物

绿意袅袅的 质朴圆形多肉组合

制作工具及材料

材料 拉菲草、水苔、海螺、木盆

工具 镊子、洗耳球、浇水器、水桶

搭配植物介绍

植物搭配 大和锦、露娜莲、美丽莲、黛比

▲ DIY 植物展示

制作步骤

① 准备好花盆和所需植物。

② 用填土器铺上一层陶粒。

③ 用填土器再倒入事先配置好的营养土。

④用铲子在土中挖好一个小坑，放上多肉植物，小心不要伤到根系。

⑤按照步骤4种好后，再将其他植株依次种进盆内，小型的多肉植物可用镊子夹取种上。

⑥ 用填土器在植株周围铺上一层赤玉石。

⑦铺好后，用小铲子在植株周围轻轻压实土壤。

⑧在种植的过程中，植株叶片上难免会有灰尘洒落，这时用橡胶洗耳球吹去植株上的灰尘，保持植株的美观。

栽后小贴士

1. 栽种后要放到温暖、湿润的半阴环境中养护。
2. 栽种的植株较耐干旱，所以浇水掌握“不干不浇，浇则浇透”原则即可。
3. 混搭的植株叶形、叶色都很美观，可以摆放在书桌、博古架上，点缀家居，同时净化植株周围空气。

>> 组盆示范 · Part 5 送给寿星的多肉植物

散发迷人味道的
多肉蛋糕组合

制作工具及材料

材料 铁篮、水苔

工具 铲子、镊子、洗耳球、浇水器

搭配植物介绍

植物搭配 绿塔、黄丽、昭和、火祭、紫珍珠、绿之铃

▲ DIY 植物展示

制作步骤

①将水苔放入铁桶中。

②用水淋湿水苔。

③用手搓揉，抹匀。

④ 准备好DIY的精美铁篮和要用到的多肉植物。

⑤ 将打湿的水苔放入事先准备好的精美铁篮。

⑥ 用镊子小心放入多肉植物。

⑦ 按照之前步骤，将其他植株依次种进盆内。

⑧ 用橡胶洗耳球吹去植株上的灰尘。

栽后小贴士

1. 栽种后植物不适合立即放在阳光下暴晒，适合在弱光下养护一段时间。
2. 绿之铃在夏季会徒长、爆盆，所以在夏季要及时进行修剪，以免影响其他植物的生长。
3. 混在后的植物整理相呼应，适合做家居装饰物品，能使家居变得轻松活泼。

附录

多肉植物常用名词解释

养多肉植物时，不可避免地会听到和用到一些常用名词，比如冬种型、气根、缀化等，这些名词就像是多肉植物的标签，理解它们是认识与种植多肉植物的基础。而且，如果想成为一个玩转多肉植物的达人，不知道这些常用名词和专业术语，好像有点外行了。赶紧来弄明白吧！

1	**夏种型**	由夏季生长、冬季低温休眠的品种。夏季35℃以下皆可正常生长，超过此温度也会进入休眠状态，而冬季温度尽量保持在10℃以上，否则不但会休眠，严重时还会冻伤或死亡。
2	**冬种型**	夏季休眠较为明显，冬季可以持续生长，生长期在每年9月至来年4月之间的多肉植物。冬季温度低于5℃时大部分多肉植物都处于休眠状态，即使冬种型也不例外。
3	**春秋种型**	夏季和冬季休眠较为明显，春秋季节生长旺盛的多肉植物。由于春秋季节气候条件较温和，所以几乎不存在休眠现象。银波锦、熊童子、福娘等都是春秋种型。
4	**休眠**	植物体或器官在发育时，由于内部生理因素的作用，会季节性或阶段性的停止生长，且植物类型不同，休眠也有很大的差异。
5	**徒长**	指多肉植物在缺少光照、浇水过多的情况下，叶片颜色变绿，枝条上叶片的间距拉长，叶片往下翻，枝条细长，生长速度加快的现象。
6	**气根**	气根是指暴露在空气中的根，是由于植物周围的环境发生变化或者为了适应周边环境而出现的具有呼吸功能并能吸收空气中水分的根。
7	**中斑**	指多肉植物叶子中心的叶脉上产生白色或黄色斑纹的现象。
8	**覆轮**	指多肉植物叶片周围产生白色或黄色斑纹的现象。
9	**砍头**	指用剪刀将多肉植物顶部剪掉的一种修剪方式。
10	**爆盆**	指多肉植物长得太过密集，长满整个花盆的情况。
11	**窗**	“窗”为叶片前端半透明的部分，其绝妙的花纹与透明质感是观赏重点，也是植物为适应恶劣环境而演化出的对策，目的是利于光合作用。
12	**露养**	指将多肉植物放在露天环境下养护，是还原野生状态的一种栽培方法。只要是放在室外的多肉，几乎都算露养，比如庭院、突出的阳台以及在窗台外搭建的护栏等。

13	**闷养**	指冬季温度较低时，用容器如一次性塑料杯将多肉植物完全盖住，制造出一个小型温室的效果，保持塑料杯里的空气湿度足够大，水汽与塑料杯会阻隔大部分紫外线，不用担心被晒坏。
14	**阴养**	指在一种阳光较少的栽培环境中来养护多肉植物，比如常说的夏季将多肉放置在遮阴环境中就属于阴养。阴养与“散光”相比，栽培环境的光线更弱一些。
15	**缀化**	缀化变异是指某些品种的多肉植物受到不明原因的外界刺激（浇水、日照、温度、药物、气候突变等），其顶端的生长锥异常分生、加倍，而形成许多小的生长点，并横向发展连成一条线，最终长成扁平的扇形或鸡冠形带状体。
16	**锦**	常被称为“锦斑”，属于植物颜色上的一种变异现象。锦斑变异是指植物体的茎、叶等部位发生颜色上的改变，如变成白、黄、红等各种颜色，大部分锦斑变异并不是整片颜色的变化，而是叶片或茎部部分颜色的改变，比原株更具观赏性。
17	**黄化**	指植物由于缺少阳光而造成的叶片褪色变黄的现象。
18	**单生**	是指多肉植物的茎干单独生长，不产生分枝和不生子球的植物。如仙人掌科中的翁柱和金琥。
19	**叶刺**	指多肉植物植株上由叶的一部分或全部转换成的刺状物。叶刺作用突出，可以减少植物蒸腾并起到保护植物的作用。最常见的仙人掌科的刺都属于叶刺。
20	**肉质茎**	指多肉植物植株上肥大多汁，内部贮藏大量水分和养料的一种变态茎。肉质茎上的叶片在生长到一定时间后容易退化或形成刺，大多数仙人掌植物是典型的肉质茎。
21	**刺座**	又叫网孔，是仙人掌植物特有的一种器官，表面上看为一垫状结构，多数有密集地短毡毛保护，其实它是一个短缩枝，是茎上的“节”，刺座上着生刺和毛。
22	**周围刺**	或称侧刺、放射状刺。仙人掌植物的周围刺一般数目较多，且较细或短，常紧贴茎部表面。如金晃的周围刺有20枚以上，松霞、红小町的周围刺都在40枚以上。
23	**中刺**	着生在刺座中央的直刺，一般数目少而变化大，中刺的颜色呈周期性交替变化，温暖季节出白刺，冷凉季节出红刺，十分有趣。中刺的形状变化大，有粗细、软硬、宽窄和有无钩状之分。
24	**突变**	指植物的遗传组成发生突然改变的现象，是植株出现新的特征，且这种新的特征可以遗传于子代中。多肉植物还可以通过嫁接方法把新的特征固定下来。
25	**芽变**	一个植物营养体出现的与原植物不同、可以遗传并可用无性繁殖的方法保存下来的性状，如多肉植物中的许多斑锦和扁化品种。